ア○○○○査と
AHPデータ分析

単純集計では見えない
消費者の本音を探る

木下栄蔵 監修
法雲俊栄 著

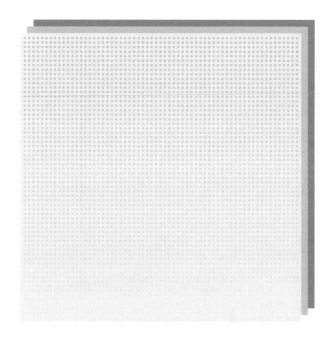

Ohmsha

監修者のことば

　近年、クラウドコンピューティングの広がりや、SNS の利用、センサー技術やスマートフォンの普及などを背景に、デジタルデータが爆発的に増加し、ビッグデータの活用が進んでいます。これに加えて、人工知能 AI 等の技術が進展し、私たち将来の職業も形態を変えようとしています。人工知能をはじめとする情報技術の特徴から、定型的な業務においては、今後、機械への代替化が一層進むと考えられています。一方で、組織の中のマネジメントなど人の経験や勘によるコントロールや判断が必要なものは、これからより必要なスキルとして考えられています。このような背景から、近年の人材育成では、データ分析ができる。または、データ分析に基づいた意思決定ができる人材が求められており、大学ではデータサイエンス学部の設置、企業ではデジタルマーケティング事業部門の新設が進み、データ分析に精通した人材の養成が急速に求められています。

　本書は、こういったデータ分析や、市場調査などができる能力の必要性が、各個人に求められている時代のニーズを感じ、これからデータ分析を気軽に始めてみたい、また問題解決のための意思決定を科学的手法に基づき自分で実践してみたい、と考えている方に提供する 1 冊です。タイトルにある AHP（Analytic Hierarchy Process）は、米国ピッツバーグ大学の教授であった故 T. L. Saaty 氏が考案した数理分析で、物事の意思決定や順位決定、評価分析などに使われている手法です。定量的な数値を利用した分析から、数値化が難しい、曖昧な評価についても数値化して、取り込むことが可能です。

　本書のターゲットは、主に分析ツールを身に付けたい大学生で、他にも社内プレゼンで客観的な評価を提示してみたい社会人などです。

　最後にオーム社の皆様には、企画の段階から懇切丁寧なアドバイスをいただき、本書を形にすることができました。謹んで感謝を申し上げます。また著者の法雲俊栄氏には、AHP 分析や OR 分野の普及に新たな提案をしていただき、感謝を申し上げます。

2023 年 11 月

　　　　　　　　　　　　　　　　　　　　　　監修　木　下　栄　蔵

はじめに

　筆者は、大学の社会科学における情報システムやデータ処理の分野で教鞭を
とっています。大学で未来ある学生と接していると、鋭いビジネスの感性を持っ
ていたり、ビジネストレンドを抑えていたり、バイタリティやエネルギーに満ち
溢れている方々に出会います。中には、自分で会社を立ち上げるなど、ビジネス
企画を実現しようと必死に努力している人もいます。しかし、意思決定のプロセ
スにおいて、裏付けの物足りなさや、使える分析ツールのレパートリーの少なさ
に気づいていないことを実感します。

　これからの人工知能社会の到来において、市場調査をして分析可能なツールを
自分の知識として持ち合わせておくことは、価値ある情報を作り出す能力であ
り、ビジネスで戦うための武器となります。このような背景から、学生の方々に
少しでも分析能力を身に付けてもらい、卒論やビジネス企画を進めるための能力
を養って欲しいという願いから執筆に至りました。

　本書では、物事の意思決定や順位決定など、また評価分析に用いられる AHP
分析の学習を通じて、定量的な数値を利用した分析から、数値化が難しく曖昧な
評価についても、数値化して取り扱う計算の仕組みを理解します。さらに、
AHP をアンケートの集計と組み合わせることで、顧客分析など、さまざまな分
析に適用可能な方法について学習します。

　顧客の購買行動を調査するようなアンケートにおいては、クロス集計などの単
純集計が用いられるのが一般的ですが、各種マネージャが物事の選択を迫られて
いる状況下において、それを現状の把握や判断の材料に使うことはできますが、
意思決定の支援や選択をするための分析手法とは言えません。

　統計学は数値化できるデータを主としていますが、AHP は、数値化できない
データの取り込みも得意としています。具体的には、意思決定者が何の経営資源
を重視しているか、また消費者がデザイン、価格、機能の中で何をいちばん重視
しているかを探るなど、人間の感性を取り込むのに適しています。

　例えば、組織のマネージャが AHP を利用する場合、アンケートの集計で市場
を把握して、それは事実を記したデータとして捉えます。さらに AHP の分析を
かけることで、社長・副社長・理事長・株主・部長・課長・現場担当者の意見を

踏まえた評価を出すことも可能です。また消費者の購買行動においては、デザイン、価格、機能も共に購買条件に一致しているのに買わない、買えない消費者の心理を計量化することも AHP では可能なのです。

　昨今のデータ分析やデータサイエンティストの養成では、統計学分野が人気ですが、意思決定分析の AHP においても、これからの時代、新たな活用が進むことを願っています。企業組織で意思決定を担当する管理者や、大学におけるデータ分析や経営科学の分野で、また隣接科目の「情報処理論」、「意思決定論」、「経営情報論」などでも、AHP が意思決定支援や評価分析のツールとして普及に繋がれば幸いです。

　ここで本書が AHP を取り上げることの利点と難点について述べたいと思います。利点は、計算が簡単で専用ソフトが要らない。つまり、スマホや電卓、Excel を使って高校生でもできる内容 (計算手順) です。そして、すべて工夫次第で定量化できる。つまり、分析結果が読み取りしやすい等があります。逆に、注意すべき点は、意思決定者の考えで問題解決のための階層構造や設問を構築するため、アンケートなどの聞き方や数値の取り込み次第では、信憑性が無くなり、結果が意味をなさないものになる可能性があります。AHP においては、問題解決のための正確な階層構造の構築が求められるなどの難しさがあります。目的達成のために結果を求め、最適解を導くことは、どのようなことにも当てはまりますが、筋道立てて、過程に問題が無いか、再確認する必要があります。

　本書は、定量化した数値や分析を行いますが、そのプロセスが理解できるよう、図を多用し AHP の入門書として位置付けています。特に数式の苦手な学生、文系学生を対象とし、分析や OR を学習した経験が無い人でも一人で読み進めることができるよう配慮しました。以下に、本書のポイントを記します。

- AHP ありきでなく AHP ならではの活用方法を解説
- わかりにくい仕組みを図で解説
- 数式の苦手な人でも手法をわかりやすく解説
- 市場調査のためのアンケート調査から分析まで 1 人でできる

などの特徴があります。

現代の経営状況は、さまざまな外部環境や新しい技術革新により、物やサービスの価値や販売方法、さらに働き方なども大きく変化をしています。また消費者においては、ここ数年、消費税の引き上げ、原油の高騰、コロナショックによる品不足などで、物やサービスの値段が年々上がり、通貨の価値は下がるなど、1つひとつの購買選択が家計を圧迫する状況下にあります。

このような時代において、誰もが意思決定の支援ツールを身近に、また何か簡単な分析を身に付けたい。誰もがエビデンスに基づいた意思決定や選択行動ができるよう願って執筆いたします。

謝 辞

日頃、研究の支援や環境を与えていただいている学校法人同志社に感謝をいたします。週末、執筆時間の確保に理解を示し、協力してくれた家族に感謝いたします。執筆への気づきを与えてくれた教え子に感謝をいたします。

日本オペレーションズ・リサーチ学会　意思決定法常設研究部会でご教示をいただきました国士舘大学の大屋隆生先生、公立諏訪東京理科大学の飯田洋市先生に感謝を申し上げます。オーム社の皆様には、出版に際し格別のご理解とご支援、また懇切丁寧なアドバイスをいただきまして、感謝を申し上げます。

最後に監修をご快諾いただきました木下栄蔵先生には、長年のご指導も含め御礼を申し上げます。

同志社大学　良心館　研究室に於いて

2023 年 10 月

著者　法 雲 俊 栄

目　次

第1章　AHPとは？　　　　　　　　　　　　　　　　　　　　　　　1

第2章　アンケート調査とは？　　　　　　　　　　　　　　　　　19

マンガ・イラスト：もりお

第 **1** 章

AHPとは？

AHP とは？

AHP※って
何ですか？

※Analytic Hierarchy Process

階層分析法などと言われ
OR(オペレーションズリサーチ)の
手法の 1 つです

ORって
何ですか？

OR

AHP

ORは簡単に言うと
実務で役立つ
数学のこと！
その中に
AHPがあるんだ

AHPで理想の
結婚相手も
わかるんだよ

つかえる
でしょ！！

あの…

…結婚以前に

そもそも
相手が
いないのですが…

いろんな人と
知り合えば
意思決定の幅も
広がるね！

1-1　AHP とは？

　AHP とは、正式名称を Analytic Hierarchy Process と呼び、日本では階層分析法や階層化意思決定法と訳され、1970 年代前半に、米国ペンシルベニア大学の元教授であった故トーマス・サーティ（T. L. Saaty）氏によって考案されました。

1-2　AHP ってなに？

　AHP は、数学やアルゴリズムなどを利用して、物事を効率的に計画や決定をする OR（オペレーションズ・リサーチ）分野のモデルの 1 つで、中でも意思決定や評価に利用可能な分析手法です。

　意思決定とは、複数の選択肢がある局面において、物事を効率的に、かつ効果的に最良の選択や決定に導くプロセスのことを意味します。企業組織や経営分野などにおける意思決定の重要性については、1940 年代から指摘され、問題解決を図るための考え方やプロセスについて研究が進められてきました。サーティ教授は、こういった意思決定の重要性が求められている中で、経営者トップなどが抱える複雑な問題を解決できる方法は無いかと考え、意思決定者が問題の構造を把握し難い状況下でも、問題を次の 3 つの要素に分けて考えることで、意思決定問題の構造を明らかにし、解決できる手法を開発しました。これにより、従来の意思決定法で対処しきれなかった問題を解決できる新たな手法として利用されるようになりました。

　AHP は、人間の主観的判断とシステムアプローチを上手くミックスした問題解決型の意思決定手法で、特に主観的な評価、つまり曖昧で評価が難しい局面や、人間の感性的な判断などを定量化して取り扱うことが可能な分析手法として提案されました。

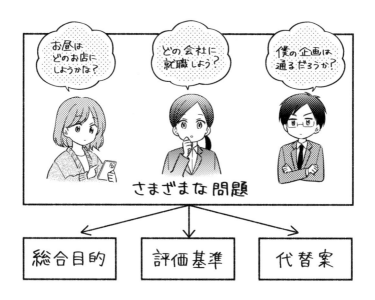

　AHP を開発したサーティ教授は、多くの著書のなかで種々の適用例を紹介しています。そのなかで述べていますが、米国を主とした外国における AHP の適用対象は、経済問題と経営問題をはじめ、エネルギー問題、医療と健康、紛争処理、軍縮問題、国際関係、人事と評価、プロジェクト選定、ポートフォリオ選択、政策決定、社会学、都市計画などです。特にフィンランドのハマライネン（Hamalainen）教授が提唱した原子力発電所建設の可否に対する国会審議での適用と、サーティ教授が提案したペルー日本大使公邸人質事件での適用は有名な事例です。

　これら適用例に共通する特徴は、すべての問題に質的要素が入っていて、それが重要な役割を占めている意思決定問題であるということです。したがって、定量化が難しいため、これまで取り上げられなかったような問題が多いのです。

　一方、日本における AHP の適用例は、「国会等移転先候補地の選定」、「グルー

プ AHP の人事評価への適用」、「CRM システム納入業者選定」、「感覚情報の定量化による機械システムの信頼性・安全性解析」、「サスティナブルな購買意識と幸福度の関係性に関する評価」、「阪神高速道路における自動点検監視システムの評価」、「新たな地方国際空港の候補地選定」、「21 世紀の社会経済環境の構造変化に対応したトリップ発生モデル」、「県民意識調査と県の将来像の評価」などです。このように AHP は、さまざまな物事を選択する意思決定や評価など分析の手法として利用されています。

1-4　AHP の提唱者

ここで、AHP を提唱したサーティ教授について紹介します。彼は、1926 年 7 月にイラクのモサルに生まれました。父はアメリカ人の貿易商で、母はイラク人でした。

1940 年、14 歳のときレバノンにあるブリティッシュボーディングスクールに通います。1947 年、20 歳のときに渡米し、コロンビアユニオンカレッジで、数学・物理学・生物学を勉強します。1953 年、27 歳のときにイエール大学で数学の博士号を取得し、その後、パリのソルボンヌ大学とボストンの MIT（マサチューセッツ工科大学）で数学と OR（Operations Research）の研究を続けます。

1957 年、31 歳のときペンタゴン（国防総省）に入り、主に対ソ戦略の OR 研究を行い、1963 年に国務省に入り軍備制限と軍備縮小のための OR 研究を行います。

1969 年にペンシルベニア大学教授となり、2 年後 AHP を発見します。そして、1979 年にピッツバーグ大学の教授となり、AHP の普及に努め、後には AHP の発展モデルである ANP（Analytic Network Process）を発見し、その啓蒙に努めました。

以上の経歴よりサーティ教授の発想のベースには、軍事外交戦略があり、AHP がそれらの要請から生まれてきたことがわかります。

1-5 AHP の階層構造

AHP を使って問題を解決するには、まず問題の要素を階層の関係でとらえて、階層構造を作ります。そして、①総合目的からみて評価基準の重要度を求め、次に②各評価基準からみて各代替案の重要度を評価し、最後に、これらを③総合目的からみた代替案の評価に換算します。

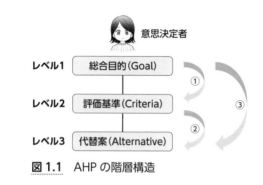

図 1.1 AHP の階層構造

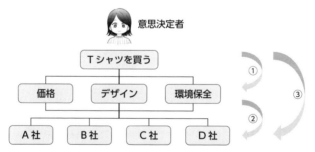

図 1.2 T-シャツ購入時の選択における階層構造の例

AHP は、この評価の過程で、今までの経験や勘を生かして、これまではモデル化したり定量化したりするのが難しかった問題も扱えるようにしているのが特徴です。

　例えば、**図 1.2** の「T- シャツ購入時の選択における階層構造の例」で言うと、価格は、通貨という同じ価値基準で数値化することができます。しかし、デザインが自分の好みであるか？またその企業がおこなっている環境保全の活動は、支持できる内容か？という評価は、人によって価値観や善悪の受け止め方が大きく異なるため通常は数値化や定量化することが難しい項目ですが、対象者に段階的な評価を回答してもらうことにより AHP で取り扱うことが可能なのです。

1-6 AHP 計算の仕組み

AHP は、次に示す 3 ステップから構成されています。

第 1 ステップ（階層構造の決定）

　種々の解決したい問題を、評価基準と代替案にレベル分けし、階層構造として表現します。ただし、階層構造の一番上は 1 つの要素からなる総合目的（Goal）です。それより下のレベルでは問題解決の当事者（複数の場合もある）の判断により、いくつかの要素数（評価基準の数）が 1 つ上のレベルの要素（総合目的か評価基準）との関係から決められます。なお、各レベルの要素の数は、（7 ± 2）が最大許容数です。またレベルの数は解決すべき問題の性質により決められるもので、特に限界はありません。つまり評価基準は多階層になっても構いません。最後に、階層の一番下に代替案をおきます。階層構造図の例を**図 1.3** に示しました。

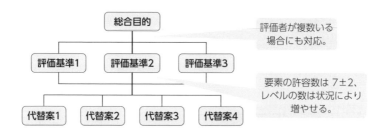

図 1.3　評価基準 3 つ代替案 4 つの場合の階層構造

第 2 ステップ（各要素の重み付けと、整合度指数の確認）

　各レベルの要素の間の重み付けを行います。つまり、あるレベルにおける要素間のペア比較を、1 つ上のレベルにある関係要素のもとで行います。n を対象の比較要素の数とすると意思決定者は、$n(n-1)/2$ 個のペア比較を行うことになり

ます。さらに、このペア比較に用いられる値は、1/9, 1/8, …, 1/2, 1, 2, …, 8, 9 とします。個々の数字の総和は、**表 1.1** に示してあるとおりです。

表 1.1　重要性の尺度とその定義

重要性の尺度	定　義
1	同じくらい重要 (equal importance)
3	すこし重要 (weak importance)
5	かなり重要 (strong importance)
7	非常に重要 (very strong importance)
9	極めて重要 (absolute importance)

（たたし、2, 4, 6, 8 は中間のときに用い、重要でないときは逆数を用います。）

　以上のようにして得られた各レベルのペア比較マトリックス（既知）から、各レベルの要索間の重み（未知）を計算します。これにはペア比較マトリックスの固有値ベクトルの値を使います。なお、このペア比較マトリックスは逆数行列ですが、意思決定者の答えるペア比較において首尾一貫性のある答えを期待するのは不可能です。そこで、このあいまいさの尺度として整合度指数を定義します。これには、ペア比較マトリックスの最大固有値の値を使います。

第 3 ステップ（階層全体の重み付け）

　各レベルの要素間の重み付けが計算されると、この結果を用いて階層全体の重み付けを行います。これにより、総合目的に対する各代替案の優先順位（プライオリティ）が決定されます。AHP の各ステップのフローチャートは**図 1.4** に示すとおりです。

ここで、AHP が他のモデルと異なる特徴を整理すると次の 4 点になります。
　①人間の持っている主観や勘が反映できる。
　②多くの目的を同時に考慮できる。

③あいまいな環境を明確に説明できる。

④意思決定者が容易に使える。

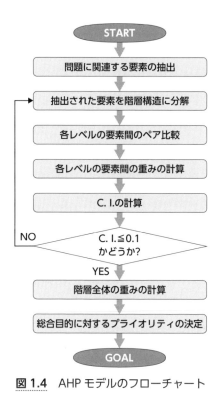

図 1.4 AHP モデルのフローチャート

AHP で頻繁に使う専門用語

C.I. (Consistency Index：整合度指数)

　C.I. とは、整合度や整合度指数と呼ばれ、AHP においては、意思決定者によって行われた一対比較に矛盾が無いかを示す指標です。

　例えば、3 つの要素間で選好の推移性（Transitivity）が無いなど、A が B よりも望ましく、B が C よりも望ましい場合、A は C よりもかなり望ましい。したがって A>B>C とならない場合に備え、その整合性をチェックします。このように人間が行う一対比較には、整合性がない場合があるため、AHP では評価基準や代替案の一対比較で、その都度 C.I. の計算をしているのです。

固有値（Eigenvalue）

　複素数を成分とする n 次正方行列 A に対し、$\lambda \in C$（要素 λ は集合 C に属する）および 0 でないベクトル $x \in C^n$ が存在して、$Ax = \lambda x$ が成り立つとき、λ を A の固有値といいます。

　物理学において固有値は、物理量として現れることが多く、例えば、両端を固定した弦をはじくと、固有の周期で振動します。このような特性を固有振動と呼び、量を示す場合は固有振動数と呼びます。私たちの身の回りでは、石材・木材・ガラスなど物を叩くといろいろな音が出ます。この音は、その物体固有の振動による周波数で、固有の振動音や振動数が、その概念に近いのです。

　AHP においては、行列の固有ベクトルが、線形変換後に何倍になるのか、その倍率を示す値と捉えて、値を求めています。

固有ベクトル(Eigenvector)

複素数を成分とする n 次正方行列 A に対し、$\lambda \in C$ および 0 でないベクトル $x \in C^n$ が存在して、$Ax = \lambda x$ が成り立つとき、x を A の固有値 λ に対応する固有ベクトルといいます。また、ベクトルは、向き(方向)と大きさを持った量を表します。対比して、大きさ(長さ・面積・質量・温度・時間など)だけで定まる数量のみで表され、方向をもたないものをスカラー(Scalar)と呼んでいます。

AHP においては、行列 A を掛けても、λ 倍になるだけで方向が変わらない量を指しています。

平均(算術平均:Mean, Average)

数の集合を均して一つの値にまとめたものを平均、或いは平均値と呼んでいます。特に指定しない場合は、相加平均(算術平均:Arithmetic mean)が用いられることが一般的です。他の計算方法には、幾何平均(相乗平均:Geometric mean)、調和平均(Harmonic mean)があり、それぞれの計算方法によって、異なる値が算出されます。

幾何平均(相乗平均:Geometric mean)

平均値の算出方法の一つで、n 個の正の実数の組 $a^1, a^2, \cdots, a^n$ に対して $(a^1 a^2 \cdots a^n)^{1/n}$ をその相乗平均または、幾何平均といいます。

一般的に使われる、値の総和を n 個で割る算術平均ではなく、値の総乗の n 乗根で割るところが異なります。相乗平均の対数は n 個の正の実数の対数の相加平均なのです。伸び率(成長率)や下落率などの変化率の平均を求めるには、相加平均(算術平均:AVERAGE 関数)ではなく、幾何平均(GEOMEAN 関数)が適しているのです。

AHP で使う数学記号の説明

記号	読み方	AHP での意味
N	ラージエヌ	行列の n 乗
A	ラージエー	行列 A, $n \times n$ 正方行列
W	ラージダブリュー / ウェイト	重み、総合評価値
w	ダブリュー / ウェイト	行列内の重み評価値
λ	ラムダ	A の固有値
max	マックス	λ max は、A の最大固有値
$\in$	$x \in X$, 要素 x は集合 X に属する	要素 x は集合 X に属する
$\neq$	ノットイコール	等しくない
a_{ij}	エーアイジェー	行列 A にある w_i/w_j (i 行× j 列) の要素を示したもの、集まりは A で $A = a_{ij}$ となる。
Σ	シグマ	総和, $\sum\limits_{n=1}^{N} a_n$ 初期値 1 から N 値に達するまで、計算式 a_n を繰り返し行う

1-7 AHP の数学的記述

　階層のあるレベルの要素 A_1, A_2, $\cdots$, A_n のすぐ上のレベルの要素に対する重み w_1, w_2, $\cdots$, w_n を求めます。このとき、a_i の a_j に対する重要度を a_{ij} とすれば、要素 A_1, A_2, $\cdots$, A_n のペア比較マトリックスは、$A = [a_{ij}]$ となります。

$$A = [a_{ij}] = \begin{bmatrix} \dfrac{w_1}{w_1} & \dfrac{w_1}{w_2} & \cdots & \dfrac{w_1}{w_n} \\ \dfrac{w_2}{w_1} & \dfrac{w_2}{w_2} & \cdots & \dfrac{w_2}{w_n} \\ \vdots & \vdots & & \vdots \\ \dfrac{w_n}{w_1} & \dfrac{w_n}{w_2} & \cdots & \dfrac{w_n}{w_n} \end{bmatrix} \cdots\cdots (1.1)$$

　ただし、

　$a_{ij} = w_i/w_j$, $a_{ji} = 1/a_{ij}$, $W^{\mathrm{T}} = [w_1, w_2, \cdots, w_n]$ $(i, j = 1, 2, \cdots, n)$ です。

　ところでこの場合、すべての i, j, k について $a_{ij} \times a_{jk} = a_{ik}$ が成り立っていま

す。これは意思決定者の判断が完全に首尾一貫しているということです。

　この一対比較行列 A に重みベクトル W を掛けると、ベクトル $n \cdot W$ が得られます。すなわち、$A \cdot W = n \cdot W$ です。この式は固有値問題として

$$(A - n \cdot 1) \cdot W = 0 \quad \cdots\cdots \text{(1.2)}$$

と変形できます。ここで、$W \neq$ が成り立つためには n が A の固有値にならなければなりません。このとき、W は A の固有ベクトルとなります。さらに、一対比較行列 A の階数は 1 ですから固有値 λ_i $(i = 1, 2, \cdots, n)$ は 1 つのみが非零の値となります。また、A の対角要素の和は n ですから、ただ 1 つの零でない λ_i の値は n となります。つまり、重みベクトル W は A の最大固有値 λ に対する正規化した固有ベクトルとなるのです。しかし、実際の複雑な状況下では W が未知であり、これを実際に得られた一対比較行列 A より求めなければなりません。そこで A の最大固有値を λ_{max} とすると、

$$A \cdot W = \lambda_{max} \cdot W \quad \cdots\cdots \text{(1.3)}$$

となり、これを解くことにより W を求めることができるのです。AHP は複雑な階層構造を構築する場合もあり、ある一対比較により得られた重みを順次総合目的から代替案まで掛け合わせていくことにより階層全体からみた重み、すなわち総合目的である代替案の優先順位付けをして選定を行うことができます。また、状況が複雑になればなるほど意思決定者の答えは整合性に欠けてきます。一対比較行列 A が整合しなくなるにつれて λ_{max} は n より大きくなるのです。これは (1.4) 式に示すサーティの定理より明らかになっています。

$$\lambda_{max} = n + \sum_{i=1}^{n} \sum_{j=i+1}^{n} (w_j a_{ij} - w_i)^2 / w_i w_j a_{ij} n \quad \cdots\cdots \text{(1.4)}$$

以上から $\lambda_{max} \geq n$ が成り立ち、等号成立条件は行列 A の整合性が完全に取れているときのみ成立します。サーティは一対比較行列 A の整合性の尺度として

C.I. 値（Consistency Index：整合度）を (1.5) 式のように定義しています。

$$C.I. = \frac{\lambda_{max} - n}{n - 1} \quad \cdots\cdots (1.5)$$

　一対比較行列 A には n 個の固有値があり、その和は n であることがわかっています。完全に整合性が保たれている場合は、ただ 1 つの固有値が n となり、それ以外は 0 となりますが、ほとんどの場合はそのような理想的な状態にはなりえません。そのため、完全な整合性が保たれない場合は $\lambda_{max} \text{-} n$ を $n\text{-}1$ で割ることにより平均値が導出され、(1.5.) 式はある固有値の大きさを示す指標とみなすことができます。行列 A が完全な整合性を持つ場合はこの *C.I.* 値は 0 であり、この値が大きいほど不整合度が大きくなるのです。サーティは *C.I.* の値が 0.1 以下（場合によっては 0.15）であれば整合性に問題がないとすることを経験より提案しています。

まとめ　AHP の特徴と注意点

　AHP を適用する上で、次のような特徴と注意点があります。

特徴

- 評価基準がたくさんあり、しかも互いに共通の尺度がないような問題を解決することができます。
- 定量的な分析では扱いきれない構造であっても、同じくらい、やや、かなり、非常に、極めてというファジイ（曖昧）な表現を用いて一対比較し定量化することで、意思決定者の負担を軽くすることができます。
- 整合性のないデータを扱うことができると同時に、整合度がわかるので修正も容易に行うことができます。
- 複雑でかつ構造の不明確な問題を階層化することにより整理し、ある限られた条件で部分的な比較・考察を行うだけで最後には全体的な評価値を得ることができます。

- システムアプローチと主観的判断を組み合わせることにより、これまでは組織的には取り上げにくかった勘や経験を生かした意思決定を行うことができます。
- データがない、または取りにくい環境下での意思決定を行うことができます。
- 決定に先立ってさまざまな場合を想定したい場合、影響を予測しながら意思決定を行うことができます。
- グループで決定するとき、関係者間の意見を表示し、取りまとめながら意思決定を行うことができます。

注意点

- 同一レベルに取り入れる要素は互いに独立性の高いものを選びます。
- 一対比較の対象となる要素は 7 個まで、多くても 9 個までにします。
- 一対比較が確信できないときは、その値に関する感度分析を行います。
- 最終的な重要度である総合評価値は選考度を示しており、この値の大きい順に好ましい代替案となりますが、この値の差や比については注意して取り扱う必要があります。最終的な代替案の選定の判定は意思決定者が行いますが、場合によっては重要度の低い代替案を除いて再び AHP を実施することも必要となります。
- グループ（大人数）の意思決定に AHP を使うとき、一対比較の値にはグループを構成するメンバーの値の幾何平均を用います。これは後に紹介するアンケート調査時にも、集計した値で一対比較する際に使える手法です。

　以上の点を理解した上で問題に適用します。はじめての利用でも、特に階層構造の設定、評価基準と代替案の設定、整合度指数のチェック、また代替案が多い場合や、重要度の低い代替案がある場合は、それらを減らすなどの調整して、再計算することで改善の効果が得られます。

第 2 章

アンケート調査とは？

アンケート調査とは？

2-1　アンケート調査とは？

　本書では、AHP をさまざまな問題に適用する中で、アンケート調査と組み合わせた 1 つの分析方法として、また 1 つの科学的手法に基づいたエビデンスとして利用が広まるよう提案しています。

　アンケート調査は、一般に知られている言葉ですが、アンケート調査って何ですか？と聞かれると、実はあまり知らない人がほとんどではないでしょうか。この章では、社会調査の歴史から、また調査の種類や特徴から、アンケート調査に込められた目的を探り、成功するアンケート調査とは何かを紹介したいと思います。

2-2　アンケートとは

　アンケートは、一般的に広く知られた言葉ですが、実は、フランス語の enquête（調査、問合せ）に由来しています。広辞苑には、「ある目的のために、多くの人々の各々に同じ質問をして、その回答を求めること。また、その調査方法。」とあります。つまり、特定の問題を解決するために、社会調査をして情報収集を行うための手法の 1 つで、あらかじめ用意された質問について多数の人に回答してもらい、それを集計してデータや資料化する手法のことです。

　一般的な実施方法は、あらかじめ質問を用意し、紙面などで配布するもの、郵送や面談などで回答を得て、回収するもの、電話やインターネットで回答を募るなどがあります。最近では、誰もが情報通信端末を持っていることを前提に、SNS を活用するなどして Microsoft や Google の Forms で実施する方法も増えています。

　したがって、アンケート調査という言葉の組み合わせは、厳密には調査・調査と連呼していることに等しく違和感があるのですが、現在の日本においてアン

ケート調査という言葉は一般用語として許容され、浸透しています。よって本書でも、このような背景を踏まえ、あえてアンケート調査と表現をしています。

2-3 アンケート調査の歴史

　アンケート調査は、今までどのようにして、また何を目的として、実施されてきたのでしょうか？これを探るには、社会調査の歴史から紐解くことができます。

　社会調査は、広辞苑によると「社会現象について、観察・質問などによって直接データを収集し、分析すること。」と記されています。また近年の研究では、その主なルーツを 1. 行政調査、2. 社会踏査、3. 世論調査・市場調査の 3 つに分けることができると定義されています。

　行政調査は、最も古く、古代の国王や皇帝などにより人口や土地、財産等の調査から確認することができます。これらの目的の多くは、「権力の顕示や、納税、徴兵、強制労働を達成するため」の情報収集であったと考えられています。

　社会踏査は、18 世紀から 19 世紀にかけてイギリスを中心にヨーロッパ諸国で「貧困の改善」を目的とした社会調査が実施されました。この頃に行われた代表的なチャールズ・ブースによる調査の中では、調査票（質問紙）や、聞き取り調査などを用いた社会踏査が行われ、その後、このような調査方法が今日の社会調査のひな型となりました。

　世論調査は、同じく 18 世紀から 19 世紀初めにかけ、世界各国で「大規模化・複雑化する社会構造の変化を明らかにすること」を目的として、人口センサス（国勢調査）が実施されました。これに基づいて、1790 年にアメリカで第 1 回センサスが実施され、19 世紀に入ると、ヨーロッパ諸国でも次々とセンサスが行われるようになりました。このアメリカ合衆国の第 1 回人口センサスの調査では、政府主導で全国規模の調査員による直接調査が実施され、調査員は、政府の指示に従い、世帯をリストアップして家族ごとに代表者の氏名と構成人数を確認する形態で行われました。

　日本では、1888 年に震度階級のもとを作った地震・火山学者の関谷清景が、磐梯山（福島県）噴火時の現地調査で地域住民らにアンケートを実施しました。また 1946 年には、時事通信社によって世論調査が実施されるようになりました。

　最近は、社会調査のみならず、市場調査やマーケティング調査などにも使われており、顧客の嗜好やライフスタイルが個々で大きく変化した現代において、顧客から情報を身近に聞き出すための有効な手段として使われています。

アンケート調査に情熱を注いだ先駆者たち

　本書を手に取った方は、これからアンケートを実施してみようと思っている人も多いと思います。アンケート調査を実際に進めてみると、意外に実施することに時間と労力を費やし、気を取られて目的を忘れてしまい、方向性を見失うことがあります。そのため、当初の問題意識を見失わず実施し、集計して読み取り、目的を達成することが非常に重要です。

　次に紹介する人物は、個々の問題解決において、アンケート調査の実施に必要性を見出し、情熱を注ぎ世の中を変えた偉人です。

チャールズ・ブース（1840-1916 年）

　チャールズ・ブースは、1840 年にイギリスのリバプールに生まれました。船主、実業家、社会改革者運動家・社会調査専門家として活躍し、汽船会社の会長、王立学会会員、枢密顧問官などを歴任しました。

https://ffrf.org/ftod-cr/
item/14765-charles-booth

　実業家であったブースは、1871 年に妻メアリーと結婚し、ロンドンに定住します。実証主義の影響を受けた彼は、労働者階級が多数暮らすイースト・ロンドンの実態に直面し、1886 年から貧困

問題に関する大規模な調査に着手します。国勢調査の回答を分析した既存の統計データに批判的であったブースは、調査票のほかに各種の観察法や聞き取り調査などを加えた独自の手法で社会踏査を実施しました。

社会踏査とは、今日では、社会調査の1つとして大差なく用いられていますが、センサス（国勢調査）に次いで古い歴史があり、対象となるもの全てを調べる調査の事で、悉皆調査または全数調査と呼ばれています。対象エリアに自らが足を運び調査するなどのブースの手法は、後の社会踏査のひな型となり、社会踏査と言えば貧困者や罹災者の援助を目的とした調査を意味するほどに、今日の社会調査に大きな影響を与えました。

ブースは、1891年に調査委員会に参加し、方法に改善を加えることを提案し、15年以上の歳月をかけて、『ロンドン市民の生活と労働』"Life and Labour of the People in London" 全17巻（1989-1903）の版を発行しました。この調査結果は、1908年老齢年金法の成立にも寄与し、英国における貧困の体系的な調査研究であるとして歴史的にも高く評価されています。

このように、ブースのアンケート調査は、今日の社会調査の基本体系を作り上げたと言っても過言ではなく、ブースの情熱は統計データからは見えない、街中で目の当たりにした本当の貧困者を生涯を通して無くしたいという、一心であったと言えるでしょう。

関谷清景（1855-1896年）

関谷清景は、1855年に大垣藩士であった関谷玄助の長男として、現在の岐阜県大垣市歩行町に生まれました。17歳の時、大垣藩貢進生に選ばれ、大学南校（現・東京大学）に入学しました。

23歳になると、機械工学の勉強を目的とし、文

https://www.eri.u-tokyo.ac.jp/ayumi/2629/

科省の留学生として英国へ渡ります。渡英した半年後に肺結核を患い、帰国を余儀なくされます。その後、療養による病状の快復後、神戸師範学校の事務職に招かれ、3 ヵ月後には副校長に就きました。

　1880 年になると、東京大学地震観測所の助手として招かれ、翌年に同大の助教授となりました。この観測所を開設したユーイング教授は、機械工学の専門で地震計を作り、地震観測の記録を取り始めるなど、地震学の始まりに貢献しました。これを背景に清景は、地震の観測や研究の技術や方法を学んでいきました。その後、日本中に出向き地震観測の調査する傍ら、論文を発表し、機関誌の英文を和訳して発行するなどの活動をしました。この地震に対する啓蒙活動が認められ、1886 年には、世界初の地震学の教授に就任します。

　清景の調査の特徴は、机上論に留まらず、大きな地震があるとすぐに現地へ出向き、被災地で被災者に直接話しかけ、アンケート調査を使った聞き込みを行う手法でした。病弱な彼にとって、このような調査方法は身体に負担でしたが、1888 年の会津磐梯山爆発、翌年の熊本地震などには、現地に赴き、調査をした渾身の記録が論文に残されています。また 1891 年の濃尾地震では、体調が優れないなか告知文を発表し、人心の動揺を抑えた後、やはり現地へ向かい調査し、自らの命を削るに至ったと言われています。

　清景は、1896 年 1 月 8 日、40 歳という若さで療養先の神戸須磨禅昌寺で喀血し、この世を去りました。病躯を押して調査を続けた彼の願いは、1 人でも多くの人を地震などの災害から救いたいの一心だったと思います。

昨今、さまざまなアンケート調査が私たちの身の回りで行われている中で、これほどまでに人の命が交錯し、命を懸けたアンケート調査は、他に類を見ません。

ブースの功績は、今日の私たちにおいて、国民の生活を支えるセーフティネットとしての社会保険制度（1. 公的年金制度、2. 公的医療保険制度、3. 雇用保険制度、4. 労災保険、5. 公的介護保険制度）があります。このような、社会保障制度の基礎が築かれたのは、ブースの私費を投じた独自調査による恩恵であり、貧困は個人の責任によってもたらされるものではなく、社会によって予防し解決しなければならないという考えにもとづき、後に彼が救貧改正法、老齢無拠出年金の制定改革に従事した賜物と言えるでしょう。

また清景の功績は、今日、地震の規模や被害の程度を表すものに、震度階級があります。これは、1880 年に内務省の験震課長を務めていた清景が「微震・弱震・強震・烈震」の 4 段階を設定して観測したことが始まりで、その後、現在の 7 段階となりました。私たちが地震直後に速報される震度階級を確認して、現地の被害規模や状況が推測でき、被災地の支援や対応ができるのは、清景が自らの命と引き換えにアンケート調査を実施した成果の賜物と言えるでしょう。

2-4　アンケート調査の種類と特徴

アンケート調査には、依頼・実施や回収など、さまざまな方法があります。昔は、対面の面接調査が一般的でしたが、インターネットの通信網が発達した現在、その実施の手軽さから Web によるアンケート調査が主流になっています。

ここでは、アンケート調査を実施する上で、時間とコスト、信頼性や回収率を考慮した上で、調査の目的に適した実施方法はどれか、選択する上で参考になる基準を紹介します。

なお、もっと詳しくアンケート調査とデータ解析について学びたい人は、安藤明之著「社会調査・アンケート調査とデータ解析」（社会調査士カリキュラム A ～D）日本評論社を一読することをお勧めいたします。この著書が優れている点は、

表 2.1　アンケート調査の種類と実施方法

種　類	実施方法	コスト・手間	配布数	回収率	信頼性	迅速性
面接調査	調査員が出向き説明して実施	△	○	◎	◎	△
留置調査		△	△	○	○	△
郵送調査	通信手段を利用して実施	◎	◎	△	○	△
電話調査		○	○	△	△	◎
FAX 調査		○	○	△	△	○
インターネット調査		◎	◎	○	○	◎
集合調査	街頭 / 施設などで説明して実施	○	○	◎	◎	◎
簡易調査		○	○	○	○	○
テレビ調査	その他特殊な実施方法	○	◎	△	○	◎
ホームユーステスト調査		○	△	○	○	○
(回答者) 募集式調査		○	△	◎	◎	△

◎○△の 3 段階で表記

　大学生が身に付けるべき、基礎的な統計の知識から、パソコンの情報処理スキル（データ解析）までが系統的に書かれています。特に文系の学生にも、理解しやすく配慮されているため、本書で物足りない、またもっと詳しく内容を理解したい人は、是非、手に取って理解を深めてください。本書においても、この著書を参考にして現代的なアンケート調査を追加しています。

　以下、アンケート調査における、それぞれの種類と特徴についてまとめると、次のとおりになります。

　それぞれの調査について、3 段階評価をしましたが、各基準は整っている環境や、また回答者の心理的な状況によっても大きく変わります。

　コストや手間、配布数においては、一般的な Web 調査をマーケティング会社や分析会社に依頼すれば、調査の打ち合わせや設問項目数の設定などにより、高額な費用が掛かります。しかし、Google フォーム等を使い、SNS で依頼する等の発信をすれば、ターゲットは広いですが、コストを抑えることもできます。集合調査などでは、大学の授業やゼミの時間を活用して実施をすれば、人を集める手間を省くこともできます。

表 2.2 アンケート調査の種類と特徴

種　類	特　徴	長　所	短　所
面接調査	調査員が訪問し、直接質問して回答を得る。	調査趣旨の理解が得やすい。	時間や人件費がかかる。調査員の面談技術が必要。
留置調査	調査員が訪問し、アンケート用紙を預け、後日改めて訪問し回収する。	回答者の都合の良いタイミングで負担なく回答できる。	回答者本人が回答しているかわからない。
郵送調査	用紙の送付と回収を郵便で行う。	広範囲の地域で実施できる。	回答者の氏名と住所が必要。回収までの時間がかかる。
電話調査	調査員が対象者に電話をして、その場で回答を得る。	広範囲の地域で実施できる。面接調査より低コスト。	本人確認が困難、拒否されやすい、複雑な質問は不向き。
FAX 調査	用紙の送付と回収をFAXで行う。	広範囲の地域で実施できる。	回答者の電話番号がわからないと送れない。また本人が回答しているか、わからない。
インターネット調査	インターネットで回答者を募集し、質問も配信する。フォーム、SNS、メールなどがある。	低コストで広範囲の地域で実施できる。	回答者の本人確認が難しい、回答データがデジタルのため結果が短時間で出る。
集合調査	会場での集会を利用して実施。	一度に送り回答を得ることが出る。	全てが対象者であるかは、不明である。
簡易調査	施設で、また通行人等に短時間で実施する。	調査の意図が伝わりやすく、即時的に回答を得やすい。	長い設問や、複雑な質問には適さない。
テレビ調査	視聴者に情報を提供しながら、リモコン操作等で回答を聞き出す。	このサービスを利用するには、調査以前に番組や企画などの緻密な準備が伴う。	視聴者がどのような属性かわかりにくい。
ホームユーステスト調査	商品サンプルなどターゲットを予め選び実施。	予めターゲットを絞り、限定的な属性から具体的な回答を得やすい。	実施するまでの準備と、回答を受け取るまでの期間が長い。
(回答者)募集式調査	回答者を予め募集し、回答を得る。	意思のある回答者から意見を聞き出すことができる。	実施するまで時間がかかる。属性が適人かはわからない。

　回収率、信頼性、迅速性に関わる部分としては、アンケート調査の趣旨説明、また回答・回収について、対面か書面か、どのように伝達するかで、回答者の取り組み方や内容、結果の提供が全く異なります。アンケート調査を実施する人は、このような心理的な状況や回答しやすい環境を考慮することが必要です。

　アンケートの実施を有効的なものにするためには、以下のような注意点が必要です。

①調査の目的・趣旨に合った設問になっているか。
②回答者に設問の意図が伝わるよう配慮しているか。
③回答者に回答しやすいよう時間や場所を配慮しているか。
④各調査方法の特徴を理解し、対象の調査に合った方法で実施しているか。

2-5　アンケート実施の心得と、個人情報の取扱い

　アンケート調査を実施する場合、調査目的のために何をしても良いというわけではありません。社会通念的に問題が無いか、被験者に不快を与えないか、個人情報の取り扱いなど、常識的、心理的、法律的、倫理的にさまざまな観点から配慮が求められます。この章では、個人情報の取り扱いの観点から、調査で気を付けるべき点について紹介します。

　近年のアンケート調査では、個人情報の取り扱いについて、調査に必要な質問か、また調査後は収集した情報（データ）について責任をもって破棄するなど、適切な管理をすることが求められています。ここでは、まず個人情報の種類や取り扱いについて、さらに個人情報のもとになった OECD の 8 原則からアンケート実施における注意点を学習します。

■「個人情報」について

「個人情報保護法」には、個人情報の定義について記されています。『生存する個人に関する情報であって、当該情報に含まれる氏名、生年月日その他の記述などによって特定の個人を識別できるもの（他の情報と容易に照合することができ、それによって特定の個人を識別することができることとなるものを含む。）、または個人識別符号が含まれるもの。』とあります。

以上から、アンケート調査をする際には、①個人に関する情報が含まれているか、②特定の個人を識別できるか、が個人情報に該当するかの大きなポイントになってきます。

■「プライバシーの権利」について

個人情報によく似た言葉に、「プライバシーの権利」という言葉があります。プライバシーとは、「他人から個人の静穏を侵害されない自由」で、最近では、「個人情報へのアクセスをコントロールする権利」とされており、より個人情報の定義に近くなってきています。

特にアンケート調査などでは、知らないうちに本人が他人に知られたくない質問を導入設問に入れて聞いてしまうことがあります。例えば、職業、年収、年齢などで、他にも病歴、犯罪歴、思想、宗教などがあります。このような他人に知られたくない内容を聞くときには、個人情報に加えて、プライバシーポリシーに大きく関わるため、取り扱いに細心の注意が必要です。

以上のように、アンケート調査に協力してもらう回答者に配慮して実施する場合、この個人情報とプライバシー権利をセットにして、設問を組み立てる必要があります。よって、この2つの観点から内容を整理すると、**表 2.3** のように3種類の個人情報に分類して内容を示すことができます。

個人情報の種類と内容の通り、下に行くほどセンシティブな情報として扱われます。調査をする際は、その質問や回答が本当に調査に必要な情報か、また後に回収した際は、どのように管理をし、結果はどこまで公開するのか、誰が責任を

持って管理し、データを破棄するのかあらかじめ考えておく必要があります。

表 2.3　個人情報の種類

種　類	内　容	
公知情報	氏名や住所など、日常生活で公表している情報。	個人情報 ↑
非公知情報	職業や年収など、公にしたくない情報。	↕
機微情報（センシティブ）	病歴、宗教、犯罪歴など、他人に知られたくない情報。	↓ プライバシー

※左矢印は、⊕は個人情報としての要素が、⊖はプライバシーとしての要素が、強いことを示している。

　日本で個人情報保護法は、2003 年に成立し、2005 年に施行されました。

　日本における個人情報保護法の成立には、1980 年に OECD 理事会で「プライバシー保護と個人データの国際流通についての勧告」採択された OECD の 8 原則が基礎になっています。

　アンケートを実施する際には、この OECD の 8 原則を理解しておくことが、そのまま個人情報保護やプライバシーの保護、また個人データの取り扱いの良い手本になります。

OECD について

　OECD は、経済協力開発機構：Organisation for Economic Co-operation and Development と呼ばれ、第二次大戦後、米国のマーシャル国務長官が経済的に混乱状態にあった欧州各国を救済すべきと提案したのが始まりです。

　後に、「マーシャルプラン」を発表し、これを契機として、1948 年に欧州 16 か国で OEEC（欧州経済協力機構）が発足しました。これが OECD の前身にあたり、その後、欧州経済の復興に伴い、1961 年に OEEC 加盟国に米国、及びカナダが加わり、新たに OECD（経済協力開発機構）が発足しました。日本は、1964 年に OECD 加盟しました。本部はフランスのパリに置かれています。

（出典）経済産業省（2021）「OECD（経済協力開発機構）の正式名称・設立経緯」

■ OECDの8原則について

①収集制限の原則：個人データは、適法・公正な手段により、かつ情報主体に通知または同意を得て収集されるべきである。

②データ内容の原則：収集するデータは、利用目的に沿ったもので、かつ、正確・完全・最新であるべきである。

③目的明確化の原則：収集目的を明確にし、データ利用は収集目的に合致するべきである。

④利用制限の原則：データ主体の同意がある場合や法律の規定による場合を除いて、収集したデータを目的以外に利用してはならない。

⑤安全保護の原則：合理的安全保護措置により、紛失・破壊・使用・修正・開示等から保護すべきである。

⑥公開の原則：データ収集の実施方針等を公開し、データの存在、利用目的、管理者等を明示するべきである。

⑦個人参加の原則：データ主体に対して、自己に関するデータの所在及び内容を確認させ、または異議申立を保証するべきである。

⑧責任の原則：データの管理者は諸原則実施の責任を有する。

（出典）総務省（2020）「データの流通環境等に関する消費者の意識に関する調査研究」

2-6 アンケートを成功させるには

　アンケートは、誰でも簡単に実施し、集計することが出来きますが、その結果を誤りなく理解するには、調査の経験や統計学の知識が必要になることがあります。例えば、同じアンケートの内容で、被験者に回答してもらったとしても、春・夏・秋・冬や、朝・昼・晩など、実施状況が異なれば、当初とは違う結果が出ることがあります。

　アンケート結果は、被験者が回答した事実に間違いありませんが、それを正しく理解して、どのように受け止め、仮説と共に結論付けるかは、実施者の経験値と冷静な判断力に委ねられます。具体的には、事前に実施者はアンケート状況を踏まえた上で、どのような結果が予測できるか、事後にも、環境を変えて実施した場合、どのような変化が生じるか、さまざまなケースを想定して検証できるよう考えておく必要があります。

　アンケートを成功させるには、調査の経験や回数も大事な要因となります。そのために、自分ができる範囲の簡単な調査で結構ですので、是非、学生のうちに、もしくは、早い段階で調査を実施して経験しましょう。そうすることで克服できます。

　また、ほとんどの大学では、必ずと言ってよいほど、初年次の基礎教養科目に統計学が開講されています。では、なぜ統計学は、それほど全学部・全学科通して、重要な知識なのでしょうか？

　事実に基づいたデータから何かを調査・分析する場合、文系・理系問わず統計が使われています。経営学であればオペレーションズ・リサーチ、経済学であれば経済統計、社会学であれば社会調査、科学であれば情報理論、医学であれば疫学などです。つまり、統計学は、さまざまな学問領域で必要な知識なのです。

　統計学は、極めると統計士やデータ解析士になれます。また社会調査や世論調査は、社会調査士という資格が取得でき、専門的な職業もあります。

　このように、アンケート調査に必要な基礎的知識は、大学の基礎教養カリキュラムとも深く関係しているのです。

2-7 アンケート調査の準備

　以上で学習したアンケート調査の心得をもとに、実際の準備を整えていきます。調査実施までの流れは、おおよそ次のフローチャート図の通りです。AHP 分析を適用する場合は、実施方法に沿った設問構築が必要となるため、本書の第 7 章で紹介しています。

　まず、調査で何を明らかにしたいのか明確にします。次に、類似の調査や研究について調べ、調査の目的に問題は無いか、仮設の立て方や調査の実施方法についても、他を参考にして自分の調査との違いを、明確にしていきます。

　アンケート調査をする際は、以上のような挨拶・依頼文と調査内容の説明、結果の公開について、記載した文章が必要になります。アンケート調査をどのような手段で実施するかによって、伝え方や表現の仕方は様々なので、状況に応じて、追加したり、省略して使用すると良いでしょう。

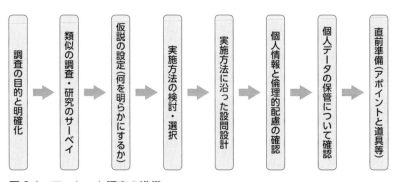

図 2.1　アンケート調査の準備

アンケート調査票　例）

○○の皆様 or 各位　　　　　　　　　　　　令和○年○月○○日
　　　　　　　　　　　　　　　　　　　　　　○○大学○○学部
　　　　　　　　　　　　　　　　　　　○○ゼミナール　担当○○

アンケート「○○に関する調査」
のご協力に関するお願い

　○○の皆様におかれましては、益々ご健勝のこととお喜び申し上げます。
　私たちの研究室では、○○に関する社会問題（or 経営問題）を科学的に解明するため、「○○に関する調査」をおこなっています。つきましては、下記の内容をご一読いただき、調査にご協力を賜りますよう、何卒よろしくお願い申し上げます。

　　調査の内容：○○における○○の実態（or 市場）調査
　　調査の目的：○○において○○と○○の関係について明らかにする。
　　調査の範囲：Web 調査と街頭調査（100 名程度）
　　公開の範囲：ホームページで公開、学会での研究発表、学術論文等。

　　補足：ご回答いただいた内容は、統計的にデータ処理し、調査に関する検証に利用いたします。調査結果は、ホームページで公開し、学会での研究発表、学術論文誌に掲載予定です。また個人が特定されるような情報は一切外部に公開いたしません。調査票は、研究調査に使用後、責任もって破棄いたします。

　　※ここからは、調査の設問を入れます。もしくは、別紙で用意します。

　　　　　　　　　　　　　　　　　　　　　　　　　　　　　　以上

2-8 アンケート調査におけるデータ処理と分析

アンケート実施後は、どのように分析を進めるのでしょうか。実施後のデータ処理と分析の種類、また AHP でのデータ分析における利用の注意等について紹介していきます。アンケート実施後、回答を回収して、データ処理と分析を行う手順は下記の通りです。

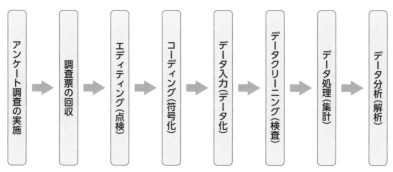

図 2.2 アンケート調査におけるデータ処理と分析

参考文献：「社会調査・アンケート調査とデータ解析」安藤明之著から筆者加筆

エディティングでは、回収したアンケート調査票のデータに問題が無いか、データとして利用できるかを点検します。回答が用紙か Web 入力か、またはファイル提出の形式か、にもよりますが、主に回答の重複、記入漏れ、回答の信憑性などに問題が無いかチェックをします。記入漏れなどで、対象者を特定できるものは再度回答してもらいますが、特定できない場合は、集計から除外します。また調査員が事務的に処理できる軽度の不備は、有効なアンケートとして使えるよう修正します。

コーディングでは、集計に使えるアンケート用紙に通し番号を振ります。

次に、各設問に対して設問の順番がわかるように番号「Q1, Q2, Q3, …」を、ま

た設問の選択肢についても回答番号「01, 02, 03, …」を割り振ります。さらに、無回答は「99」、非該当は「98」などのわかりやすい数字を別に割り振ります。

　次にコーディングシートと呼ばれる回答の一覧表を Excel などの表計算ソフトを使って作成します。コーディングシートは、アンケートの回答 1 件を 1 つのレコード（行）として、列には設問項目や番号を割り当てて一覧表に入力します。その際、コンピュータが処理しやすいように半角英数を使い入力方法を統一します。また、その他などの項目について、コメントなどの記載があれば転記して把握しやすいようにまとめます。

　データクリーニングでは、入力したデータが問題なく処理できるか、最終的なチェックを行います。特に回答用紙などの原本から入力や転記の際にミスが生じていないか確認し、入力数値に全角やスペースなどコンピュータが処理できない文字列が紛れ込んでいないか、注意する必要があります。

　データ処理では、アンケートの各設問の回答ごとに数を集計し、構成比を求めます。特に、アンケートの導入質問にあたる、回答者の属性などについては、そのアンケートがどのような人に実施され、アンケートの目的に対して適切な人が回答しているか、正当性を客観的に示す情報として必要になります。

　データ分析では、さまざまなデータ分析に利用することが考えられます。アンケート調査の最終的なデータ分析で何を使うか、どのような数値が必要か、あらかじめ分析方法や手順を確認した上で、アンケート調査の内容を構築すると良いでしょう。

2-9 消費者が重視していることは何か（AHP でできること）

単純な実態調査の把握だけであれば、単純集計や単純なデータ処理で結果を確認できますが、意思決定者の経験や勘を活かした意思決定や、消費者の購買心理や価値観に働く要件や重要度は、AHP が得意とするところです。

具体的には、AHP は階層構造の計算によって結果を導くため、レベル 1, 2, 3, 4…の階層を利用して、意思決定者の価値基準、もしくは消費者の価値基準×商品そのものの評価値と掛け合わして総合評価値を導くことができます。

また同じレベルの要素を評価する場合も、アンケート調査などによって結果が定量化さているものであればよいですが、同じ価値基準で比較した定量評価がない場合は、インタビュー調査などの定性評価を調査実施者の主観により定量化し、それを評価値として利用することも可能なのです。

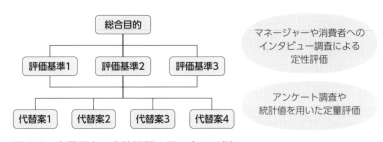

図 2.3 定量調査と定性評価の組み合わせ例

通常、商品の人気調査をする場合、多数決的な方法で結果を集計しますが、AHP の場合は、評価基準からの計測により、消費者心理の裏付けを取ることができます。つまり、お店側からしたら、単純にどの商品が人気なのか？という結論ではなく、購入の際に決め手としている消費者の購買要因は、デザイン、価格、機能など、どれが、どのくらいの差で重要視されているのかを数値で把握することができるのです。

　他にも、意思決定者の人数は。1 人から多数に対応できるため、多数のマネージャがいるケースや、マンションの理事会、特定地域の住民の意見をまとめるなど集団意思決定の支援としても活用できます。

第 3 章

電卓でウェイトを計算
簡易計算法1
（算術平均法）

電卓でデータ分析？

AHPのデータ分析って難しそうですね…

電卓でできるよ！

AHPは主に3階層
①目的
②評価基準
③代替案

計算するのは
②と③の重みベクトルと
整合度の計算をするだけだよ

あとAHPは
一対比較（二つを比べる）によって
重みベクトルを
算出することが特徴的

これによってどの項目が
どれだけ優れているか
わかるんだ

へー！

四則演算、逆数、平均だけ！
できそうじゃない!?

確かに！

3-1 電卓でウェイトを計算 簡易計算法

　AHPにおける計算は、ペア比較マトリックスの最大固有値とその固有ベクトルを求めることにあります。この結果、各要因（評価基準・代替案）の重みベクトルと整合度指数 C. I. が計算できます。しかし、正確な固有値・固有ベクトルを求めるには、高度な計算を行うため、専用の数学ソフトウェアが必要になります。そこで本節では、これらの簡易的な計算法を2つ紹介します。簡易計算法は、数学ソフトウェアを使った場合と比べると、小数点以下に若干の誤差が生じますが、科学技術の計算などではない、問題の計算においては、結果に大きな影響を与えるものではないと、一般的に利用されています。

　これから紹介する簡易計算法は、四則演算と逆数、平均を求めるだけのため、スマートフォンの電卓機能やマイクロソフトのエクセルを使って簡単に計算することができます。最初は計算手順を理解するのが難しいかもしれませんが、操作が複雑で高価な分析ソフトは不要です。また複雑な問題解決に対応できるという利点があります。

3-2 簡易計算法 1（算術平均法）の手順

　本節では、簡易計算法1における重みベクトルと整合度指数C. I. を求めます。各要因の重みベクトルを求める手順は、手順1から手順3の通りです。また整合度指数C. I. を求める手順は、手順4から手順7の通りです。

表3.1　3つの要因間のペア比較

	要因①	要因②	要因③
要因①	1	3	9
要因②	1/3	1	5
要因③	1/9	1/5	1

行を基準として評価するとわかり易い。

1行3列の「9」は、要因③と比較して要因①が極めて重要という意味です。

第1章の重要性の尺度とその定義より

重要性の尺度	定　義
1	同じくらい重要 (equal importance)
3	すこし重要 (weak importance)
5	かなり重要 (strong importance)
7	非常に重要 (very strong importance)
9	極めて重要 (absolute importance)

（ただし、2. 4. 6. 8 は中間のときに用い、重要でないときは逆数を用います。）

3-3　重みベクトルを求める手順

手順 1

ペア比較マトリックスの各列の要素を合計します。

$$\begin{bmatrix} 1 & 3 & 9 \\ 1/3 & 1 & 5 \\ 1/9 & 1/5 & 1 \end{bmatrix}$$

この場合、列の合計　　1.444　　4.2　　15　　となります。

手順 2

ペア比較マトリックスの要素を列の合計で割ります。具体的にこの例では、第 1 列の各要素を 1.444 で割り、第 2 列の各要素を 4.2 で割ります。この例の場合、次に示すようになります。1 行 1 列の 0.692 は、1 ÷ 1.444 の計算により求められます。

$$\begin{bmatrix} 0.692 & 0.714 & 0.600 \\ 0.231 & 0.238 & 0.333 \\ 0.077 & 0.048 & 0.067 \end{bmatrix}$$

手順 3

手順 2 の計算より求めたマトリックスの各要素を各行において平均します。第 1 行から第 3 行まで同様の計算を行うと、以下のようになります。

$$\frac{0.692 + 0.714 + 0.600}{3} = \begin{bmatrix} 0.669 \\ 0.267 \\ 0.064 \end{bmatrix}$$
$$\frac{0.231 + 0.238 + 0.333}{3} = $$
$$\frac{0.077 + 0.048 + 0.067}{3} = $$

この結果が重みベクトルです。すなわち 1 番目の要因の重みは、0.669 となり、以下の 2 番目の要因の重み 0.267 と続きます。

3-4 │ C. I. を求める手順（整合度指数の計算）

手順 4

表 3.1 に示したペア比較マトリックスの各列に、先ほど求めた重みベクトルの各要素を順に掛けて和を求めます。この例の場合、以下に示すようになります。

$$0.669 \times \begin{bmatrix} 1 \\ 1/3 \\ 1/9 \end{bmatrix} + 0.267 \times \begin{bmatrix} 3 \\ 1 \\ 1/5 \end{bmatrix} + 0.064 \times \begin{bmatrix} 9 \\ 5 \\ 1 \end{bmatrix}$$

$$= \begin{bmatrix} 0.669 \\ 0.223 \\ 0.074 \end{bmatrix} + \begin{bmatrix} 0.802 \\ 0.267 \\ 0.053 \end{bmatrix} + \begin{bmatrix} 0.574 \\ 0.319 \\ 0.064 \end{bmatrix} = \begin{bmatrix} 2.045 \\ 0.809 \\ 0.192 \end{bmatrix}$$

手順 5

手順 4 で求めた各要素の計算結果を、先ほど求めた各要素の重みで割ります。この例の場合、以下に示すようになります。

$$\begin{bmatrix} 2.045/0.669 \\ 0.809/0.267 \\ 0.192/0.064 \end{bmatrix} = \begin{bmatrix} 3.057 \\ 3.026 \\ 3.005 \end{bmatrix}$$

手順 6

手順 5 で求めた各要素の計算結果を平均します。この結果が、**表 3.1** に示したペア比較マトリックスの最大固有値 λ_{max} です。この例の場合は、以下に示すようになります。

$$\lambda_{max} = \frac{3.057 + 3.026 + 3.005}{3} = 3.029$$

手順 7

手順 6 で求めた λ_{max} より整合度指数 $C.I.$ を求めます。この例の場合、以下に示すようになります。

$$C.I. = \frac{\lambda_{max} - n}{n - 1} = \frac{3.029 - 3}{2} = 0.015 < 0.1$$

したがって、有効性があります。

以上が、簡易計算法 1 による重みベクトルと $C.I.$ を求める計算手順です。

$C.I.$ の計算は、何をしているのでしょうか？　$C.I.$ については、第 1 章で少し紹介しましたが、整合度指数（コンシステンシー指数：Consistency Index）と呼びます。

通常、ABC の 3 つの要素間で選好順位をつける場合、A が B よりも望ましく、B が C よりも望ましい状況であれば、当然、A は C よりもとても望ましく A ＞ B ＞ C となることが推測できます。これを選好の推移性（Transitivity）と呼び、前述の状況は選好の推移性が満たされている状態になります。しかし、人間の行動（本書では一対比較）において、意思決定者は稀に整合性が保てない選好を下すことがあります。たとえば、要素の数が多い状況下や、要素に個別のインセンティブが掛かっている場合、またグループや集団意思決定など複数の意思決定者により選好に矛盾が発生し、順序の秩序が保たれない場合などがあげられます。そのため、選好順序に矛盾が無いか全体的に整合性をチェックする必要があります。

3-5　例題　食事の選択（食事予約サイトの評価と個人の嗜好を組み合わせた分析）

ここでは、インターネットの評価と自分の嗜好を組み合わせてお店を選択するという意思決定を簡易計算法 1 により分析します。

たとえば、今日のディナーは友達とどこに行こうかな？久々の外食だから美味

しいものを食べたい！と考えるとき、最近は、インターネットで評価の高いお店を検索し、そこに行くということをする人も多いと思います。しかし、実際に行ってみると、思ったよりも、単価が高かった。好みの味ではなかった。お店の雰囲気が好みではなかったなどのギャップがあり、たくさんのユーザーが付したWebの総合評価だけでは、自分に合ったお店か判断することが難しい場合があります。さらに、人は無意識のうちに、その時の気分や状況（ディナーかランチか、昨日食べたものは何かなど）、また一緒に行く人の好みも考慮して、お店の評価基準を自分で調整し、最終的な意思決定をしてお店を選択しています。

　本節のAHP分析では、レベル2（評価基準）の各要因で意思決定者の食事に対するモチベーションや嗜好について評価し、レベル3（代替案）のペア比較では、飲食店を紹介しているWebサイトの口コミ点数を使って評価し、お店を選定することを想定しています。

　選定する際には、要因（評価基準）を把握する必要があり、ここでは、価格、美味しさ、サービス、雰囲気の4つを取り上げます。さて、これら4つの要因は、同じレベルで扱うことが妥当と思われます。

第1ステップ

　この問題を階層構造に分解すると階層の最上層（レベル1）は総合目的である「ディナーの選択」を、レベル2は「4つの選定要因（価格、美味しさ、サービス、雰囲気）」を、そして、最下層（レベル3）には「4つの代替案（スパニッシュ、たこ焼き、ラーメン、焼肉）」を置きます。

　これらの要素はすべて関連するので線で結ばれます。

第2ステップ

　ディナーの選択で迷っている意思決定者に調査を実施します。それは、**図3.1**に示したディナー選定を行うとき、レベル2の各要因（評価基準）間のペア比較に答えるものです。

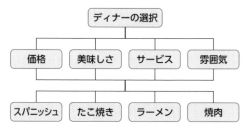

図 3.1　ディナー選定における階層構造

　その結果、まずお店選定に関するレベル 2 の各要因のペア比較は**表 3.2** に示すとおりです。そこで、このマトリックスの重みベクトルと *C.I.* を簡易計算法 1 により行います。

表 3.2　ディナー選定に関するレベル 2 の各要因のペア比較

	価　格	美味しさ	サービス	雰囲気
価　格	1	1/2	1/3	1/4
美味しさ	2	1	1/2	1/3
サービス	3	2	1	1/2
雰囲気	4	3	2	1

$\lambda max = 4.031$　C.I. = 0.010

重みベクトルを求める手順

手順1

　ペア比較マトリックスの各列の要素を合計する。この例の場合、

$$\begin{bmatrix} 1 & 0.5 & 0.333 & 0.25 \\ 2 & 1 & 0.5 & 0.333 \\ 3 & 2 & 1 & 0.5 \\ 4 & 3 & 2 & 1 \end{bmatrix}$$

列の合計　　10　　　6.5　　　3.833　　　2

になります。

手順2

ペア比較マトリックスの要素を列の合計で割ります。

$$
\begin{bmatrix}
0.100 & 0.077 & 0.087 & 0.120 \\
0.200 & 0.154 & 0.130 & 0.160 \\
0.300 & 0.308 & 0.261 & 0.240 \\
0.400 & 0.462 & 0.522 & 0.480
\end{bmatrix}
$$

手順3

手順2の計算より求めたマトリックスの各要素を各行において平均します。たとえば、第1行は以下のようになります。

$$
\frac{0.100 + 0.077 + 0.087 + 0.120}{4} = 0.096
$$

同様にして、他の行も平均します。それらの結果 W を次に示します。

$$
W = \begin{bmatrix}
0.096 \\
0.161 \\
0.277 \\
0.466
\end{bmatrix}
$$

これが、4つの選定要因の重みベクトルです。この結果、この意思決定者にとって、雰囲気が最も重要な要因であり、次にサービス、美味しさ、価格と続くことがわかります。

C.I. を求める手順

手順4

$$
0.096 \times \begin{bmatrix} 1 \\ 2 \\ 3 \\ 4 \end{bmatrix} + 0.161 \times \begin{bmatrix} 1/2 \\ 1 \\ 2 \\ 3 \end{bmatrix} + 0.277 \times \begin{bmatrix} 1/3 \\ 1/2 \\ 1 \\ 2 \end{bmatrix} + 0.466 \times \begin{bmatrix} 1/4 \\ 1/3 \\ 1/2 \\ 1 \end{bmatrix}
$$

$$
\begin{bmatrix} 0.096 \\ 0.192 \\ 0.288 \\ 0.384 \end{bmatrix} + \begin{bmatrix} 0.081 \\ 0.161 \\ 0.322 \\ 0.483 \end{bmatrix} + \begin{bmatrix} 0.092 \\ 0.139 \\ 0.277 \\ 0.554 \end{bmatrix} + \begin{bmatrix} 0.116 \\ 0.155 \\ 0.233 \\ 0.466 \end{bmatrix} = \begin{bmatrix} 0.385 \\ 0.647 \\ 1.120 \\ 1.887 \end{bmatrix}
$$

　上記の計算は各列ベクトルに対応する重みを掛けて、各行で合計したものです。

手順5

$$
\begin{bmatrix} 0.385/0.096 \\ 0.647/0.161 \\ 1.120/0.277 \\ 1.887/0.466 \end{bmatrix} = \begin{bmatrix} 4.015 \\ 4.016 \\ 4.042 \\ 4.051 \end{bmatrix}
$$

手順6

$$
\lambda_{max} = \frac{4.015 + 4.016 + 4.042 + 4.051}{4} = 4.031
$$

手順7

$$
C.I. = \frac{\lambda_{max} - n}{n-1} = \frac{4.031 - 4}{3} = 0.010 < 0.1
$$

したがって、有効性があります。

　次に、レベル 3 における各代替案間のペア比較を Web の口コミサイト等の**図 3.2** を参考にして行います。その結果は、**表 3.3** に示すとおりです。

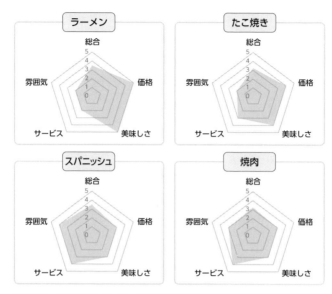

図 3.2　食事予約サイトの口コミ評価

表 3.3　4 つの選定要因に関する各代替案のペア比較

価　格	ラーメン	たこ焼き	スパニッシュ	焼　肉
ラーメン	1	2	3	3
たこ焼き	1/2	1	2	2
スパニッシュ	1/3	1/2	1	1
焼　肉	1/3	1/2	1	1

$\lambda max = 4.010$、C.I. = 0.003

美味しさ	ラーメン	たこ焼き	スパニッシュ	焼　肉
ラーメン	1	2	1	3
たこ焼き	1/2	1	2	2
スパニッシュ	1	1/2	1	1
焼　肉	1/3	1/2	1	1

$\lambda max = 4.207$、C.I. = 0.069

サービス	ラーメン	たこ焼き	スパニッシュ	焼　肉
ラーメン	1	1/2	1/5	1/5
たこ焼き	2	1	1/2	1/2
スパニッシュ	5	2	1	1
焼　肉	5	2	1	1

$\lambda max = 4.006$、C.I. = 0.002

雰囲気	ラーメン	たこ焼き	スパニッシュ	焼　肉
ラーメン	1	1	1/3	1/2
たこ焼き	1	1	1/3	1/2
スパニッシュ	3	3	1	2
焼　肉	2	2	1/2	1

$\lambda max = 4.010$、C.I. = 0.003

　さて、これら 3 つのペア比較マトリックスの重みベクトルと C.I. を簡易計算法 1 で求めました。まず、4 つの重みベクトルは次のようになります。

価格…w_1^t =

　0.455　0.263　0.141　0.141

美味しさ…w_2^t =

　0.370　0.278　0.205　0.146

サービス…w_3^t =

　0.079　0.177　0.372　0.372

雰囲気…w_4^t =

　0.141　0.141　0.455　0.263

　この結果、たとえば、価格に関してはラーメンが、美味しさに関してはたこ焼きが、サービスに関しては焼肉が、雰囲気に関してはスパニッシュが最も重要度が高いといえます。一方、これら 3 つのペア比較マトリックスのそれぞれの最大固有値 λ_{max} と整合性の評価 $C.I.$ は、各マトリックスの下に示した通りです。$C.I.$ の値はすべて 0.1 以下ですから、これらのペア比較マトリックスは、すべて有効です。

　以上で、この例における 4 つの選定要因の重みベクトル W と各代替案の評価ベクトル $w_1 \sim w_4$ の値が得られました。

第 3 ステップ

　レベル 2、3 の要索間の重み付けが計算されると、この結果より階層全体の重み付けを行います。すなわち、総合目的（ディナーの選定）に対する各代替案（スパニッシュ、たこ焼き、ラーメン、焼肉）の定量的な選定基準を作ります。

　代替案の選定基準の重みを X とすると，

$$X = [w_1, w_2, \cdots, w_4] W$$

となります。

この例の場合、

$$
X = \begin{matrix} \text{ラーメン} \\ \text{たこ焼き} \\ \text{スパニッシュ} \\ \text{焼　肉} \end{matrix}
\begin{bmatrix} 0.455 & 0.370 & 0.079 & 0.141 \\ 0.263 & 0.278 & 0.177 & 0.141 \\ 0.141 & 0.205 & 0.372 & 0.455 \\ 0.141 & 0.146 & 0.372 & 0.263 \end{bmatrix}
\begin{bmatrix} 0.096 \\ 0.161 \\ 0.277 \\ 0.466 \end{bmatrix} =
\begin{matrix} \text{ラーメン} \\ \text{たこ焼き} \\ \text{スパニッシュ} \\ \text{焼　肉} \end{matrix}
\begin{bmatrix} 0.191 \\ 0.185 \\ 0.362 \\ 0.263 \end{bmatrix}
$$

となります。

したがって、各代替案（スパニッシュ、たこ焼き、ラーメン、焼肉）に対する魅力度（重要度）は、上式のようになり、スパニッシュ ＞ 焼肉 ＞ ラーメン ＞ たこ焼きの選好順序となります。

▼演習　簡易計算法 1

AHP の簡易計算法 1 を参考に「ランチのお店選択」（レベル 1 の目的）に関する分析をしましょう。

ヒント：まず①階層構造を作成します。次にレベル 2 には、お店選択の決め手となる②評価基準を設定し、ペア比較マトリックスを作成します。次にレベル 3 の③代替案には、インターネットから探したお店の評価を探し、評価値をもとにペア比較マトリックスを作成します。

第 **4** 章

電卓でウェイトを計算
簡易計算法2（幾何平均法）

簡易計算法 1・2 の違い

AHPの計算は
基本的に2つ！

簡易計算法1（算術平均法）

手順①（合計して）、手順②（割る）

1 ／合計1

合計1 合計2 合計3 合計4 合計5

手順③（行の平均を出す）

平均1
平均2
平均3
平均4
平均5

電卓だと1+#+#+#+#／5
Excel関数だと
AVERAGEを使うよ。

ペア比較マトリックスの
要素を列の合計で割って
次に各行で平均する

簡易計算法2（幾何平均法）

手順①（幾何平均を出す）

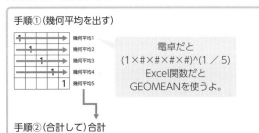

幾何平均1
幾何平均2
幾何平均3
幾何平均4
幾何平均5

電卓だと
(1×#×#×#×#)^(1／5)
Excel関数だと
GEOMEANを使うよ。

手順②（合計して）合計

手順③（正規化する）
=幾何平均 # ／合計

ペア比較マトリックスの
各行の要素を幾何平均し、
求めた各行の
要素（幾何平均値）を
合計する

最初の2ステップだけ
計算方法が違うんだね

4-1　簡易計算法 2（幾何平均法）の手順

　本節では、簡易計算法 2 として幾何平均法を利用した計算を説明します。（幾何平均については、第 1 章の AHP で頻繁に使う専門用語を参考にしてください）。

　簡易計算法 2（幾何平均法）は、前章の簡易計算法 1 よりも誤差が少なく、数理ソフトを使った結果により近い値が算出できる手法として利用されています。

　たとえばここでは、5 つの要因があり、これら要因間のペア比較マトリックスは**表 4.1** に示すようになりました。そこで、これら 5 つの要因の重みベクトルと整合度指数 $C.I.$ を簡易計算法 2 により求めます。ただし、$C.I.$ を求める手順は簡易計算法 1 と同様です。さて、この計算法の手順は以下に示すようになります。

表 4.1. 5 つの要因間のペア比較

	要因①	要因②	要因③	要因④	要因⑤
要因①	1	2	3	4	5
要因②	1/2	1	6	4	6
要因③	1/3	1/6	1	1	2
要因④	1/4	1/4	1	1	2
要因⑤	1/5	1/6	1/2	1/2	1

4-2　重みベクトルを求める手順

手順1

　ペア比較マトリックスの各行の要素を幾何平均します。この例の場合は、以下のようになります。

要因 1 …… $\sqrt[5]{1 \times 2 \times 3 \times 4 \times 5} = 2.605$

要因 2 …… $\sqrt[5]{1/2 \times 1 \times 6 \times 4 \times 6} = 2.352$

要因 3 …… $\sqrt[5]{1/3 \times 1/6 \times 1 \times 1 \times 2} = 0.644$

要因 4 …… $\sqrt[5]{1/4 \times 1/4 \times 1 \times 1 \times 2} = 0.660$

要因 5 …… $\sqrt[5]{1/5 \times 1/6 \times 1/2 \times 1/2 \times 1} = 0.384$

注 --

電卓や i-phone、android などスマートフォンの電卓機能で計算する場合、

要因 1 の計算式入力例

　電卓のオプションをボタン表示。

$(1^* 2^* 3^* 4^* 5)$ を入力、もしくは、合計値入力後、

$[X^y]$ ボタンで ^ を表示し、$(1 \div 5)$ を入力する。

　→計算式 $120 \wedge (1 \div 5) = 2.60517108$

Excel で計算する場合

　要因 1 　例

　$= (1^* 2^* 3^* 4^* 5) \wedge (1/5)$ 　もしくは、セルを参照して入力する。

手順2

　手順 1 で求めた各行の要素の幾何平均値を合計します。

$$2.605 + 2.352 + 0.644 + 0.660 + 0.384 = 6.645$$

手順 3

手順 1 で求めた各行の要素の幾何平均値を手順 2 で求めた合計値で割ります。この値が重みベクトルです。

$$
\begin{bmatrix}
2.605/6.645 \\
2.352/6.645 \\
0.644/6.645 \\
0.660/6.645 \\
0.384/6.645
\end{bmatrix}
=
\begin{bmatrix}
0.392 \\
0.354 \\
0.097 \\
0.099 \\
0.058
\end{bmatrix}
$$

この結果により、要因 1 の重みは、0.392 となり、以下要因 2 の重みが 0.354 となります。

4-3　C.I. を求める手順（整合度指数の計算）

手順 4

表 4.1 に示したペア比較マトリックスの各列に、先ほど求めた重みベクトルの各要素を順に掛けその和を求めます。

$$
0.392 \times
\begin{bmatrix}
1 \\
1/2 \\
1/3 \\
1/4 \\
1/5
\end{bmatrix}
+ 0.354 \times
\begin{bmatrix}
2 \\
1 \\
1/6 \\
1/4 \\
1/6
\end{bmatrix}
+ 0.097 \times
\begin{bmatrix}
3 \\
6 \\
1 \\
1 \\
1/2
\end{bmatrix}
+ 0.099 \times
\begin{bmatrix}
4 \\
4 \\
1 \\
1 \\
1/2
\end{bmatrix}
+ 0.058 \times
\begin{bmatrix}
5 \\
6 \\
2 \\
2 \\
1
\end{bmatrix}
$$

$$
=
\begin{bmatrix}
0.392 \\
0.196 \\
0.131 \\
0.098 \\
0.078
\end{bmatrix}
+
\begin{bmatrix}
0.708 \\
0.354 \\
0.059 \\
0.089 \\
0.059
\end{bmatrix}
+
\begin{bmatrix}
0.291 \\
0.582 \\
0.097 \\
0.097 \\
0.049
\end{bmatrix}
+
\begin{bmatrix}
0.396 \\
0.396 \\
0.099 \\
0.099 \\
0.050
\end{bmatrix}
+
\begin{bmatrix}
0.290 \\
0.348 \\
0.116 \\
0.116 \\
0.058
\end{bmatrix}
=
\begin{bmatrix}
2.077 \\
1.875 \\
0.501 \\
0.498 \\
0.293
\end{bmatrix}
$$

手順5

手順1で求めた各要素の計算結果を、先ほど求めた各要素の重みで割ります。

$$\begin{bmatrix} 2.077/0.392 \\ 1.875/0.354 \\ 0.501/0.097 \\ 0.498/0.099 \\ 0.293/0.058 \end{bmatrix} = \begin{bmatrix} 5.298 \\ 5.299 \\ 5.171 \\ 5.019 \\ 5.077 \end{bmatrix}$$

手順6

手順5で求めた各要素の計算結果を平均します。この結果が、表に示したペア比較マトリックスの最大固有値 λ_{max} です。

$$\lambda_{max} = \frac{5.298 + 5.299 + 5.171 + 5.019 + 5.077}{5} = 5.173$$

手順7

手順6で求めた λ_{max} より整合度指数 $C.I.$ を求めます。

$$C.I. = \frac{\lambda_{max} - n}{n-1} = \frac{5.173 - 5}{4} = 0.043 < 0.1$$

したがって、有効性があります。

以上が、簡易計算法2による重みベクトルと $C.I.$ を求める計算手順です。

簡易計算法 2　例題　商品の選択

　本節では、簡易計算法 2 を用いた商品の選択について説明します。近年、インターネットをはじめとする消費者を取り巻く、さまざまな環境の変化に伴い、商品の買い方や選択の基準など、消費者の購買行動に大きな変化が起きています。

　商品購入時に消費者は、自らの意思決定で購入しているように思いますが、近年のマーケティング分野の理論では、「購買意思決定プロセス」が明確化され、人は、Attention（注意）Interest（関心）Desire（欲求）Memory（記憶）Action（行動）の 5 段階 AIDMA によって意思決定すると言われています。皆さんは、商品を購入後に想像していたよりも使い方が大変だった、イメージと違ったなどの経験をしたことは無いでしょうか？　商品購入前のテレビ CM やインターネットの広告、ユーザーレビュー、待ち行列ができる人気の飲食店など、私たちは、さまざまな企業のイメージ戦略によって、知らないうちに消費者に関心や欲求を植え付けられていることがあります。

　このような購買意思決定プロセスが、各製品やサービスに合致するかどうかは、置かれている商品のポジショニングや、ジャンルによってプロセスを考える必要がありますが、売り手は、これもマーケティング戦略の 1 つですし、買い手は、知らないうちに、これも意思決定要素の 1 つとなっていることがあり、デジタル社会における購買行動は双方にとってますます複雑化しています。

　さて、この章では、車の購入における選択を行います。

第 1 ステップ

　車の購入選択は、主に誰が何に利用するのかで選択の基準や評価が大きく変わってきます。例えば、家族で 1 台を共有するような場合は、複数の利用者がいることから、これら評価者の意見を集約することもあります。その場合は、次章で紹介する「さまざまな AHP 分析、複数の意思決定者がいる場合」を取り扱うと良いでしょう。

消費者庁の「消費者意識基本調査」によると、商品やサービスを選ぶときに意識する項目として、「価格」(91.1%)、「機能」(88.8%)、「安全性」(82.1%)がもっとも高く、今回はこれにデザイン性を加えて評価します。

次に代替案に候補となる車種のコンパクトカー、ミニバン、SUV[1]を置きます。最近は、インターネットの情報サイトでランキング付けやユーザーによる評価が載っています。本例でも、これらを参考に進めます。

次に、車購入の選択における階層構造を作成します。

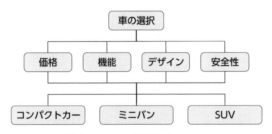

図 4.1 車選定における階層構造

第2ステップ

車の購入に関するレベル2の各要因(評価基準)のペア比較マトリックスは、**表 4.2** に示すようになりました。そこで、このマトリックスの重みベクトルと *C.I.* の計算を幾何平均法により行います。

重みベクトルを求める手順

手順1

ペア比較マトリックスの各行の要素を幾何平均します。この例の場合以下のようになります。

---

1 SUV とは、Sport Utility Vehicle（スポーツ・ユーティリティ・ビークル）の略称で、日本語では「スポーツ用多目的車」と訳されています。

表 4.2　車の購入に関するレベル 2 の各要因のペア比較

	価　格	機　能	デザイン	安全性
価　格	1	1/8	1/4	1
機　能	8	1	6	5
デザイン	4	1/6	1	3
安全性	1	1/5	1/3	1

λ max = 4.202、*C.I.* = 0.067

$$\text{要因 1}\cdots\cdots \sqrt[4]{1 \times \frac{1}{8} \times \frac{1}{4} \times 1} = 0.420$$

$$\text{要因 2}\cdots\cdots \sqrt[4]{8 \times 1 \times 6 \times 5} = 3.936$$

$$\text{要因 3}\cdots\cdots \sqrt[4]{4 \times \frac{1}{6} \times 1 \times 1 \times 3} = 1.189$$

$$\text{要因 4}\cdots\cdots \sqrt[4]{1 \times \frac{1}{5} \times \frac{1}{3} \times 1} = 0.508$$

手順2

手順 1 で求めた各行の要素の幾何平均値を合計します。

$$0.420 \ + \ 3.936 \ + \ 1.189 \ + \ 0.508 \ = \ 6.054$$

手順3

手順 1 で求めた各行の要素の幾何平均値を手順 2 で求めた合計値で割ります。この値が重みベクトルです。

$$W = \begin{bmatrix} 0.420/6.054 \\ 3.936/6.054 \\ 1.189/6.054 \\ 0.508/6.054 \end{bmatrix} = \begin{bmatrix} 0.069 \\ 0.650 \\ 0.196 \\ 0.084 \end{bmatrix}$$

この結果により、機能が最も重要な要因（0.650）であり、続いてデザイン（0.196）、安全性（0.084）、価格（0.069）となります。

C.I. を求める手順

手順4

表4.2 に示したペア比較マトリックスの各列に、先ほど求めた重みベクトルの各要素を順に掛けその和を求めます。

$$0.069 \times \begin{bmatrix} 1 \\ 8 \\ 4 \\ 1 \end{bmatrix} + 0.650 \times \begin{bmatrix} 1/8 \\ 1 \\ 1/6 \\ 1/5 \end{bmatrix} + 0.196 \times \begin{bmatrix} 1/4 \\ 6 \\ 1 \\ 1/3 \end{bmatrix} + 0.084 \times \begin{bmatrix} 1 \\ 5 \\ 3 \\ 1 \end{bmatrix}$$

$$= \begin{bmatrix} 0.069 \\ 0.556 \\ 0.278 \\ 0.069 \end{bmatrix} + \begin{bmatrix} 0.081 \\ 0.650 \\ 0.108 \\ 0.130 \end{bmatrix} + \begin{bmatrix} 0.049 \\ 0.179 \\ 0.196 \\ 0.065 \end{bmatrix} + \begin{bmatrix} 0.084 \\ 0.420 \\ 0.252 \\ 0.084 \end{bmatrix} = \begin{bmatrix} 0.284 \\ 2.804 \\ 0.834 \\ 0.349 \end{bmatrix}$$

手順5

手順4で求めた各要素の計算結果を、先ほど求めた各要素の重みで割ります。

$$\begin{bmatrix} 0.284/0.069 \\ 2.804/0.650 \\ 0.834/0.196 \\ 0.349/0.084 \end{bmatrix} = \begin{bmatrix} 4.086 \\ 4.313 \\ 4.248 \\ 4.157 \end{bmatrix}$$

手順6

手順2で求めた各要素の計算結果を平均します。この結果が、**表3.5** に示したペア比較マトリックスの最大固有値 λ_{max} です。

$$\lambda_{max} = \frac{4.086 + 4.313 + 4.248 + 4.157}{4} = 4.201$$

手順7

手順6で求めた λ_{max} より整合度指数 C.I. を求めます。

$$C.I. = \frac{\lambda_{max} - n}{n-1} = \frac{4.201 - 4}{3} = 0.067 < 0.1$$

したがって、有効性があるといえます。

次に、レベル 3 における各代替案（コンパクトカー、ミニバン、SUV）間のペア比較をレベル 2（各要因）を評価基準にして行います。その結果は、**表 4.3** に示すとおりです。

さて、これから 4 つのペア比較マトリックスの重みベクトルと *C.I.* を簡易計算法 2 で求めます。まず、4 つの重みベクトルは次のようになります。

価格…$w_1{}^t = (0.673, 0.075, 0.251)$

機能…$w_2{}^t = (0.073, 0.256, 0.671)$

デザイン…$w_3{}^t = (0.230, 0.122, 0.648)$

安全性…$w_4{}^t = (0.127, 0.186, 0.687)$

この結果、たとえば、価格に関してはコンパクトカーが、機能に関しては SUV が、デザインに関しては SUV が、安全性に関しては SUV が最も魅力度（重要度）が高いといえます。

表 4.3　レベル 3 における各代替案間のペア比較

価　格	コンパクトカー	ミニバン	SUV
コンパクトカー	1	6	4
ミニバン	0.167	1	0.2
SUV	0.25	5	1

$\lambda\,max = 3.163$、$C.I. = 0.082$

機　能	コンパクトカー	ミニバン	SUV
コンパクトカー	1	0.25	0.125
ミニバン	4	1	0.333
SUV	8	3	1

$\lambda\,max = 3.018$、$C.I. = 0.009$

デザイン	コンパクトカー	ミニバン	SUV
コンパクトカー	1	2	0.333
ミニバン	0.5	1	0.2
SUV	3	5	1

$\lambda\,max = 3.004$、$C.I. = 0.002$

安全性	コンパクトカー	ミニバン	SUV
コンパクトカー	1	0.5	0.25
ミニバン	2	1	0.2
SUV	4	5	1

$\lambda\,max = 3.094$、$C.I. = 0.047$

　一方、これら4つのペア比較マトリックスのそれぞれの最大固有値 λ_{max} と整合性の評価値 $C.I$ は、各マトリックスの下に示したとおりです。

　以上で、この例における4つの評価要因の重みベクトル W と各代替案の評価ベクトル $w_1 \sim w_4$ の値が得られました。

第3ステップ

　レベル2,3の要因間の重み付けが計算されると、この結果より階層全体の重み付けを行います。すなわち、総合目的（車購入に関する選択）に対する各代替案（価格、機能、デザイン、安全性）の定量的な順位基準を作ります。

　代替案の順位基準の重みを X とすると、

$$X = [w_1,\, w_2,\, w_3,\, w_4]\, W$$

となります。この例の場合、

$$
X = \begin{array}{c} \text{コンパクトカー} \\ \text{ミニバン} \\ \text{SUV} \end{array}
\begin{array}{cccc} \text{価　格} & \text{機　能} & \text{デザイン} & \text{安全性} \end{array}
\left[\begin{array}{cccc}
0.673 & 0.073 & 0.230 & 0.127 \\
0.075 & 0.256 & 0.122 & 0.186 \\
0.251 & 0.671 & 0.648 & 0.687
\end{array}\right]
\left[\begin{array}{c}
0.069 \\ 0.650 \\ 0.196 \\ 0.084
\end{array}\right]
$$

$$
= \begin{array}{c} \text{コンパクトカー} \\ \text{ミニバン} \\ \text{SUV} \end{array}
\left[\begin{array}{c}
0.150 \\ 0.211 \\ 0.639
\end{array}\right]
$$

したがって、この場合の AHP の分析結果は、SUV ＞ミニバン＞コンパクトカーとなります。

　このように AHP は、勘や直観と科学的技法（数学）をうまくミックスした問題解決型システム手法と言われる理由がよくわかります。

▼演習　簡易計算法 2

　AHP の簡易計算法 2 (幾何平均法) を参考にして、「スマートフォン購入の選択」(レベル 1 の目的) に関する分析をしましょう。

ヒント：まず①階層構造を作成します。次にレベル 2 には、選択の決め手となる要因として②評価基準を設定し、ペア比較マトリックスを作成します。次にレベル 3 の③代替案には、インターネットから商品の評価を探し、評価値をもとにペア比較マトリックスを作成します。

n 乗根について

　冪根または累乗根とは、冪乗 (累乗) と逆の手順で表される数のことです。つまり、n 乗をする前の数のことで、累乗して a となる数を a の累乗根と言います。

　例えば、$a^n = b$ という関係を満たすとき、a のことを b の n 乗根と言います。n は、2 以上の自然数です。

　$5^3 = 125$ の場合、5 は、125 の 3 乗根と言います。また 5 の 3 乗根 ($a^3 = 5$) などの整数でない場合は、ルートを使って $\sqrt[3]{5}$ と表します。

　　2 乗根　　$\sqrt[2]{a},\ \sqrt{a}$
　　3 乗根　　$\sqrt[3]{a}$
　　4 乗根　　$\sqrt[4]{a}$
　　n 乗根　　$\sqrt[n]{a}$

　n 乗して a になる数。

第 **5** 章

さまざまなAHPの使い方
複雑な状況下での適用

さまざまな AHP

AHPはさまざまな意思決定に
対応して考案されたんだ

らぁめん

混んでるな〜

例えば…
ラーメンだったら
味のファンが多い
ここの店を
基準にするとかね
（支配型AHP）

評価者も意思決定の状況に応じて
2人、3人と複数でなければ
信頼性が確保できない状況もあるんだ
（集団意思決定）

意思決定の状況に合わせて
AHPの理論は展開されたんだよ

なるほど〜

チラ

各側の合意に基づいて
意思決定することって
とても難しいんだね

昨日
ラーメン食べたいって
言ったじゃん！

こんなに
並ぶなんて
ヤダ!!

そうだね〜…

5-1　さまざまな AHP の使い方 複雑な状況下での適用

　本節では、複雑な状況下での意思決定問題として次の 2 つを紹介します。1 つは、意思決定者が複数いる場合であり、もう 1 つは、代替案が複数のカテゴリーにわかれる場合です。

5-2　意思決定者が複数いる場合

第 1 ステップ

　ある会社の企画室では、来年発売する商品 A、商品 B、商品 C の 3 種に対して、どれを主力商品として PR していくか判断に迷っていました。

注

　商品 A は従来から人気のオリジナル商品を改良したもので、伝統的な自社のコンセプトが詰まっています。

　商品 B は、マーケティング調査の結果から生み出され、最近の若者に流行のデザインを取り入れたもので、機能性に優れており革新的な商品です。

　商品 C は、環境配慮とコストパフォーマンスに優れて、幅広いユーザーから支持されそうな商品です。

　新商品における主力商品の選定においては、企画室長と販売部門のマネージャと商品デザイナーの 3 人が開発に深く関わり、責任を持っています。

　そこで、この問題を AHP 手法で決めることにしました。この場合、従来の AHP 手法と違うところは意思決定者が 3 人いるところです。しかも、5.6 で紹介するグループによる意思決定の方法とも異なります。このことを考慮に入れながら検討していきます。

第2ステップ

次に、この企画室で問題を整理し、3人の責任者にアンケートを実施しました。すなわち、**図 5.1** に示したレベル1の選択を行う際、レベル2は企画室で考え、3人の責任者には、レベル3からレベル4の要素間のペア比較に答えてもらうのです。

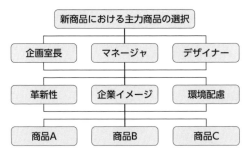

図 5.1 主力商品の選択における階層構造

まず、主力商品の選択に関するレベル2の各要因（各意思決定者）のペア比較を行います。その結果は、**表 5.1** に示すとおりです、すなわち、これはこの選択をする際の意思決定者たちの力関係を示しています。さて、このマトリックスの最大固有値は、

表 5.1 主力商品の選択に関するレベル2の各要因のペア比較

	企画室長	マネージャ	デザイナー
企画室長	1	5	9
マネージャ	1/5	1	4
デザイナー	1/9	1/4	1

$\lambda_{max} = 3.072$　$C.I. = 0.036$

です。ゆえに整合性の評価は $\lambda_{max} = 3.072$、$C.I. = 0.036$ であり、有効性があるといえます。さらに、この最大固有値に対する正規化した固有ベクトルは、

$$w_1{}^T = (0.735, 0.199, 0.065)$$

です。これがレベル 2 の重みベクトルです。すなわち、意思決定者三者のなかで企画室長が最大の発言力をもち、次いで販売部門のマネージャ、デザイナーと続くことがわかります。

　次に、責任者である 3 人の意思決定者（企画室長、販売部門のマネージャ、デザイナー）によるレベル 3 の各要因のペア比較を行いました。それらの結果は**表 5.2** に示すとおりです。

表 5.2　レベル 3 の各要因のペア比較

企画室長による各評価基準のペア比較

企画室長	革新性	企業イメージ	環境配慮
革新性	1	5	7
企業イメージ	1/5	1	2
環境配慮	1/7	1/2	1

$\lambda_{max} = 3.014$　$C.I. = 0.007$

販売部門のマネージャによる各評価基準のペア比較

マネージャ	革新性	企業イメージ	環境配慮
革新性	1	1/3	2
企業イメージ	3	1	7
環境配慮	1/2	1/7	1

$\lambda_{max} = 3.003$　$C.I. = 0.001$

デザイナーによる各評価基準のペア比較

デザイナー	革新性	企業イメージ	環境配慮
革新性	1	2	1/3
企業イメージ	1/2	1	1/6
環境配慮	3	6	1

$\lambda_{max} = 3.000$　$C.I. = 0.000$

　これら 3 つのマトリックスのそれぞれの最大固有値 λ_{max} と整合性の評価 $C.I.$ の値は各マトリックスの下に示したとおりです。$C.I.$ の値は 3 つのマトリックスとも0.1 以下ですから有効性があるといえます。さらに、これら 3 つのマトリックスの最大固有値に対する正規化した固有ベクトルはそれぞれ次のようになります。

企画室長　　　　　　……$w_2{}^T = (0.738, 0.168, 0.094)$

販売部門のマネージャ ……$w_3{}^T = (0.216, 0.681, 0.103)$

デザイナー　　　　　……$w_4{}^T = (0.222, 0.111, 0.667)$

　これらが、各意思決定者に対するレベル3の重みベクトルです。すなわち、企画室長は、革新性を重んじ、販売部門のマネージャは企業イメージを重んじ、デザイナーは環境配慮を重んじていることがわかります。

　さて、この例のように意思決定者が複数（この例では三者）いる場合，レベル3の各要因の最終的な重みは、意思決定者の力関係に依存するため、次に示すような計算が必要です。レベル3の各要因の重みベクトルを W とすると、

$$W = [w_2, w_3, w_4] w_1$$

です。この例の場合、

$$
W = \begin{array}{c} \text{革新性} \\ \text{企業イメージ} \\ \text{環境配慮} \end{array}
\overset{\begin{array}{ccc} \text{企画} & \text{マネー} & \text{デザイ} \\ \text{室長} & \text{ジャ} & \text{ナー} \end{array}}{
\begin{bmatrix} 0.738 & 0.216 & 0.222 \\ 0.168 & 0.681 & 0.111 \\ 0.094 & 0.103 & 0.067 \end{bmatrix}}
\begin{bmatrix} 0.735 \\ 0.199 \\ 0.065 \end{bmatrix} =
\begin{array}{c} \text{革新性} \\ \text{企業イメージ} \\ \text{環境配慮} \end{array}
\begin{bmatrix} 0.600 \\ 0.266 \\ 0.133 \end{bmatrix}
$$

となります。したがって、主力商品の選択問題に関するレベル3における要因の重みは、革新性（0.600）＞企業イメージ（0.266）＞環境配慮（0.133）の順になることがわかります。

　最後に、これら3つの選択要因に関する各代替案（新商品 A, B, C）のペア比較を行います。それらの結果は、**表 5.3** に示すとおりです。さて、これら3つのマトリックスのそれぞれの最大固有値 λ_{max} と整合性の評価 C.I. の値は各マトリックスの下に示しました。また、これら3つのマトリックスの最大固有値に対する正規化した固有ベクトルはそれぞれ次のようになります。

表 5.3　3 つの選択要因に関する各代替案のペア比較

革新性	A	B	C
A	1	1/7	1/3
B	7	1	4
C	3	1/4	1

企業イメージ	A	B	C
A	1	4	7
B	1/4	1	3
C	1/7	1/3	1

環境配慮	A	B	C
A	1	1/4	1/9
B	4	1	1/6
C	9	6	1

$\lambda_{max} = 3.033$　$C.I. = 0.016$　　$\lambda_{max} = 3.033$　$C.I. = 0.016$　　$\lambda_{max} = 3.111$　$C.I. = 0.055$

革新性　　　　　$\cdots w_{\mathrm{I}}^{T} = (0.085, 0.701, 0.213)$

企業イメージ　$\cdots w_{\mathrm{II}}^{T} = (0.701, 0.213, 0.085)$

環境配慮　　　$\cdots w_{\mathrm{III}}^{T} = (0.064, 0.185, 0.751)$

　これら w_{I} から w_{III} がレベル 4（各代替案）のレベル 3 の各要因に関する重みベクトルです。すなわち、新商品における、革新性に関しては商品 B が、企業イメージに関しては商品 A が、環境配慮に関しては商品 C が、それぞれ魅力度（重要度）が高いことがわかります。

第 3 ステップ

　各レベルの要素間の重み付けが終ると、この結果より階層全体の頂み付けを行います。すなわち、総合目的（新商品における主力商品の選択）に対する各代替案の定量的な選択基準を作ります。

　代替案の選択基準の重みを X とすると、

$$X = [w_{\mathrm{I}}, w_{\mathrm{II}}, w_{\mathrm{III}}] W$$

となります。

この例の場合、

$$X = \begin{array}{c} \\ \text{商品 A} \\ \text{商品 B} \\ \text{商品 C} \end{array} \begin{array}{ccc} \text{革新性} & \text{企業} & \text{環境} \\ & \text{イメージ} & \text{配慮} \end{array}$$

$$X = \begin{array}{c} \text{商品 A} \\ \text{商品 B} \\ \text{商品 C} \end{array} \begin{bmatrix} 0.085 & 0.701 & 0.213 \\ 0.701 & 0.213 & 0.085 \\ 0.064 & 0.185 & 0.751 \end{bmatrix} \begin{bmatrix} 0.600 \\ 0.266 \\ 0.133 \end{bmatrix} = \begin{array}{c} \text{商品 A} \\ \text{商品 B} \\ \text{商品 C} \end{array} \begin{bmatrix} 0.247 \\ 0.502 \\ 0.251 \end{bmatrix}$$

です。

　したがって、**表 5.1** から**表 5.3** に示すようなペア比較マトリックスを答えた意思決定者（複数）に対する魅力度（重要度）は上式のようになり B ＞ C ＞ A の選好順序となります。

　このような多階層の意思決定で、経営的判断を求めることも AHP では取り扱い可能なのです。

5-3 代替案が複数のカテゴリーに分かれる場合

第 1 ステップ

　この節では、代替案が複数のカテゴリーに分かれる場合について紹介します

　パソコンを購入するという状況下において、ここでは、パソコンをデスクトップパソコン（A、B、C）、ノートパソコン（D、E、F）の計 6 製品を候補として選定しています。この問題を AHP により分析する場合、従来の AHP と違うところは、代替案が 2 つのカテゴリー（デスクトップパソコン、ノートパソコン）に分かれているところです。このことを考慮に入れながら検討していくことにしましょう。

　ここでのパソコンの選定要因は、レポート作成（文書処理）ができる、分析（表計算）ができる、インターネットを利用して授業で e-learning の動画を視聴し、ゼミでミーティングツールを使って会議に参加できることです。そのため、評価

基準は、価格、ソフト充実、記憶容量、CPU 速度の 4 つにしました。この内容は、**図 5.2** に示す階層構造図のとおりです。

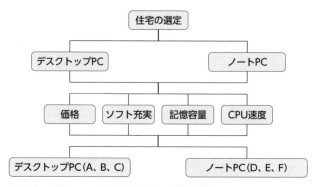

図 5.2　パソコンの選定における階層構造

第 2 ステップ

まず、レベル 2 の 2 つのカテゴリー（デスクトップ PC、ノート PC）の重要度をペア比較します。この結果は、**表 5.4** に示したとおりです。このマトリックスの固有ベクトル（重み）は、

$$w_1^T = (0.6, 0.4)$$ です。

したがって、この人はややデスクトップ PC の方を好んでいることがわかります。

表 5.4　レベル 2 の 2 つのカテゴリー（デスクトップ PC、ノート PC）のペア比較

パソコンの選定	デスクトップ PC	ノート PC
デスクトップ PC	1	1.5
ノート PC	2/3	1

$\lambda_{max} = 2.000$　$C.I. = 0.000$

次に、デスクトップ PC の製品（A, B, C）を選定するときの各要因の重要度をペア比較します。この結果は、**表 5.5** に示したとおりです。

表5.5 デスクトップ PC における各要因のペア比較

デスクトップ PC	価 格	ソフト充実	記憶容量	CPU 速度
価 格	1	1/3	1	1/5
ソフト充実	3	1	5	1/2
記憶容量	1	1/5	1	1/3
CPU 速度	5	2	3	1

$\lambda_{max} = 4.129$　$C.I. = 0.043$

このマトリックスの固有ベクトル（重み）は、

$w_2{}^T = (0.098, 0.332, 0.105, 0.464)$ です。

　一方、ノート PC の製品（D, E, F）を選定するときの各要因の重要度をペア比較します。この結果は、**表5.6** に示したとおりです。

表5.6 ノート PC における各要因のペア比較

ノート PC	価 格	ソフト充実	記憶容量	CPU 速度
価 格	1	3	1	3
ソフト充実	1/3	1	1/2	1
記憶容量	1	2	1	3
CPU 速度	1/3	1	1/3	1

$\lambda_{max} = 4.021$　$C.I. = 0.007$

このマトリックスの固有ベクトル（重み）は、

$w_3{}^T = (0.383, 0.142, 0.347, 0.128)$ です。

　この結果、デスクトップ PC の製品を選定するときは CPU 速度が最も影響力（46.4%）があり、ノート PC の場合は価格が最も影響力（38.3%）があることがわかります。

　次に、各選定要因ごとに各代替案の評価を行います。ただし、ペア比較は、各カテゴリー（デスクトップ PC、ノート PC）ごとに行います。その結果は、**表5.6**、

表 5.7 に示すとおりです。

表 5.6　デスクトップ PC に関する評価

価　格	A	B	C
A	1	2	3
B	1/2	1	2
C	1/3	1/2	1

$\lambda_{max} = 3.009$　*C.I.* = 0.005

ソフト充実	A	B	C
A	1	3	5
B	1/3	1	3
C	1/5	1/3	1

$\lambda_{max} = 3.039$　*C.I.* = 0.019

記憶容量	A	B	C
A	1	3	1/5
B	1/3	1	1/7
C	5	7	1

$\lambda_{max} = 3.065$　*C.I.* = 0.033

CPU 速度	A	B	C
A	1	3	1/4
B	1/3	1	1/5
C	4	5	1

$\lambda_{max} = 3.087$　*C.I.* = 0.043

表 5.7　ノート PC に関する評価

価　格	D	E	F
D	1	5	4
E	1/5	1	1/3
F	1/4	3	1

$\lambda_{max} = 3.087$　*C.I.* = 0.043

ソフト充実	D	E	F
D	1	4	3
E	1/4	1	1/2
F	1/3	2	1

$\lambda_{max} = 3.018$　*C.I.* = 0.009

記憶容量	D	E	F
D	1	3	1/2
E	1/3	1	1/3
F	2	3	1

$\lambda_{max} = 3.054$　*C.I.* = 0.027

CPU 速度	D	E	F
D	1	4	2
E	1/4	1	1/3
F	1/2	3	1

$\lambda_{max} = 3.018$　*C.I.* = 0.009

　さて、デスクトップ PC のカテゴリー（A, B, C）の評価ベクトルは，選定要因のペア比較マトリックスの固有ベクトル（重み）を求めて、それぞれ次のようになります。

価格　　　　$\cdots w_4{}^T = (0.539, 0.297, 0.164)$

ソフト充実$\cdots w_5{}^T = (0.633, 0.260, 0.106)$

記憶容量　$\cdots w_6{}^T = (0.193, 0.083, 0.724)$

CPU 速度　$\cdots w_7{}^T = (0.231, 0.104, 0.665)$

　一方、ノート PC のカテゴリー (D, E, F) の評価ベクトルも、デスクトップ PC と同じようにして求めることができます。

価格　　　　$\cdots w_8{}^T = (0.665, 0.104, 0.231)$

ソフト充実$\cdots w_9{}^T = (0.623, 0.137, 0.239)$

記憶容量　$\cdots w_{10}{}^T = (0.334, 0.142, 0.525)$

CPU 速度　$\cdots w_{11}{}^T = (0.557, 0.123, 0.320)$

第3ステップ

　各レベルの重み付けが計算されると、この結果から、各カテゴリーごと（デスクトップ PC、ノート PC）に、各代替案（製品）の総合評価を行います。

　デスクトップ PC の各代替案（製品 A、B、C）の総合評価値を X とすると，

$$X = [w_4, w_5, w_6, w_7] w_2$$

となります。この例の場合は、

$$
X =
\begin{array}{c}
A \\ B \\ C
\end{array}
\begin{bmatrix}
0.539 & 0.633 & 0.193 & 0.231 \\
0.297 & 0.260 & 0.083 & 0.104 \\
0.164 & 0.106 & 0.724 & 0.665
\end{bmatrix}
\begin{bmatrix}
0.098 \\ 0.332 \\ 0.105 \\ 0.464
\end{bmatrix}
=
\begin{array}{c}
A \\ B \\ C
\end{array}
\begin{bmatrix}
0.391 \\ 0.173 \\ 0.436
\end{bmatrix}
$$

（価　格　ソフト充実　記憶容量　CPU 速度）

となります。

一方、ノート PC の各代替案（製品 D、E、F）の総合評価値を Y とすると、

$$Y = [w_8, w_9, w_{10}, w_{11}] w_3$$

となります。

この例の場合は，

$$
Y = \begin{matrix} D \\ E \\ F \end{matrix}
\begin{bmatrix}
0.665 & 0.623 & 0.334 & 0.557 \\
0.104 & 0.137 & 0.142 & 0.123 \\
0.231 & 0.239 & 0.525 & 0.320
\end{bmatrix}
\begin{bmatrix}
0.383 \\
0.142 \\
0.347 \\
0.128
\end{bmatrix}
=
\begin{matrix} D \\ E \\ F \end{matrix}
\begin{bmatrix}
0.530 \\
0.124 \\
0.346
\end{bmatrix}
$$

価　格　ソフト充実　記憶容量　CPU 速度

となります。

最後に、2 つのカテゴリー（デスクトップ PC，ノート PC）の重み w_1 を X、Y に掛けます。この結果、デスクトップ PC の各代替案（A、B、C）とノート PC の各代替案（D、E、F）の総合評価値を比較することができます。すなわち、

$$
0.6 \cdot X = 0.6 \cdot
\begin{bmatrix}
0.391 \\
0.173 \\
0.436
\end{bmatrix}
=
\begin{matrix} A \\ B \\ C \end{matrix}
\begin{bmatrix}
0.235 \\
0.104 \\
0.262
\end{bmatrix}
$$

$$
0.4 \cdot Y = 0.4 \cdot
\begin{bmatrix}
0.530 \\
0.124 \\
0.346
\end{bmatrix}
=
\begin{matrix} D \\ E \\ F \end{matrix}
\begin{bmatrix}
0.212 \\
0.050 \\
0.138
\end{bmatrix}
$$

です。

したがって、6 つの製品の最終的な選好順序は、C ＞ A ＞ D ＞ F ＞ B ＞ E となります。

整合性が悪い場合の計算方法

　第 1 章において、整合性の尺度 C.I. を定義しました。 そこで、ペア比較マトリックスの各要素の重みを計算した際、もしその行列の整合性が悪い場合には（整合性の尺度 C.I. が 0.1 ～ 0.15 以上になった場合）、ペア比較マトリックスの値を再検討しなければなりません。しかし、どのペア比較の値が整合性に反しているかを見つけることは難しいのです。そこで、このような場合、ペア比較のどの値を直せば良いかの方針を次の例を用いて示します。ペア比較マトリックス P の各項目のウェイト $w_1, w_2, w_3, w_4, w_5, w_6$ と $C.I.$ は以下のとおりです。

$$
P =
\begin{array}{c}
 \\ 1 \\ 2 \\ 3 \\ 4 \\ 5 \\ 6
\end{array}
\begin{array}{cccccc}
1 & 2 & 3 & 4 & 5 & 6 \\
\left[\begin{array}{cccccc}
1 & 3 & 1/3 & 4 & 6 & 7 \\
1/3 & 1 & 1/5 & 5 & 5 & 6 \\
3 & 5 & 1 & 3 & 2 & 3 \\
1/4 & 1/5 & 1/3 & 1 & 1 & 2 \\
1/6 & 1/5 & 1/2 & 1 & 1 & 2 \\
1/7 & 1/6 & 1/3 & 1/2 & 1/2 & 1
\end{array}\right]
\end{array}
\begin{array}{c}
\text{ウェイト} \\
\left[\begin{array}{c}
0.275 \\
0.182 \\
0.367 \\
0.064 \\
0.069 \\
0.043
\end{array}\right]
\end{array}
$$

$C.I. = 0.198$

$C.I.$ の値が大きくて判断の整合性が悪いのです。そこで、次のように検討します。
①計算されたウェイト $w_1, w_2, w_3, w_4, w_5, w_6$ をもとに, w_i/w_j を (i, j) 成分とする行列 W を作ります。

$$
W=
\begin{array}{c c}
 & \begin{array}{c c c c c c} 1 & 2 & 3 & 4 & 5 & 6 \end{array} \\
\begin{array}{c} 1 \\ 2 \\ 3 \\ 4 \\ 5 \\ 6 \end{array}
&
\left[
\begin{array}{c c c c c c}
1 & 1.551 & \boxed{0.749} & 4.297 & 3.986 & 6.395 \\
 & 1 & \boxed{0.496} & 2.844 & 2.638 & 4.233 \\
 & & 1 & 5.734 & \boxed{5.319} & \boxed{8.535} \\
 & & & 1 & 0.928 & 1.488 \\
 & & & & 1 & 1.605 \\
 & & & & & 1
\end{array}
\right]
\end{array}
$$

②マトリックス P と W の各成分を比較し、違いの大きいもの（たとえば ⬛ 内）に注目してペア比較をやり直します。その結果、マトリックス P' を得たとします。

ただし、違いの大きいものとは比較する要素（P と W）の値が2倍以上異なるものを指しています。

$$
P'=
\begin{array}{c c c}
 & \begin{array}{c c c c c c} 1 & 2 & 3 & 4 & 5 & 6 \end{array} & \text{ウェイト} \\
\begin{array}{c} 1 \\ 2 \\ 3 \\ 4 \\ 5 \\ 6 \end{array}
&
\left[
\begin{array}{c c c c c c}
1 & 3 & 1/2 & 4 & 6 & 7 \\
 & 1 & 1/3 & 5 & 5 & 6 \\
 & & 1 & 3 & 4 & 7 \\
 & & & 1 & 1 & 2 \\
 & & & & 1 & 2 \\
 & & & & & 1
\end{array}
\right]
&
\left[
\begin{array}{c}
0.300 \\
0.195 \\
0.346 \\
0.066 \\
0.058 \\
0.035
\end{array}
\right]
\end{array}
$$

$C.I. = 0.075$

$C.I.$ の値は 0.1 以下であり、有効性があるといえます。したがって、P' は整合性が良いのです。

不完全ペア比較マトリックス

　AHP を実際の問題に適用する際、ペア比較マトリックスの要素の値すべてに答えられないこともあります。ある質問に対しては、パスしなければならない場合、あるいは、答えたくても比較するデータがない場合もあります。このような不完全な逆数行列にも固有値法が適用できる方法をハーカー (Harker) は提案しています。

　そこで、ここでは、逆数行列のいくつかの要素がわからない場合でも、間接的な近似を考慮できる固有値法、すなわちハーカーの方法を紹介します。

　たとえば、要素が5つの不完全ペア比較行列において、推定したい重み(ウェイト)を $W = (w_1, w_2, w_3, w_4, w_5)$ とします。ところで、要素間のペア比較において、$a_{13} = 3, a_{15} = 5, a_{24} = 2, a_{25} = 3, a_{25} = 4$ の値だけが得られているとします。このとき、対角要素を1にして、逆数関係

$$a_{ij} = \frac{1}{a_{ij}}$$

を仮定すれば、以下に示す**不完全逆数行列 P** が得られます。

$$P = \begin{bmatrix} 1 & \square & 3 & \square & 5 \\ \square & 1 & \square & 2 & 3 \\ 1/3 & \square & 1 & \square & 4 \\ \square & 1/2 & \square & 1 & \square \\ 1/5 & 1/3 & 1/4 & \square & 1 \end{bmatrix}$$

ただし、□の要素は、わからない箇所を表しています。

次に、

$$a_{ij} = \frac{w_i}{w_j}$$

ですから、□の箇所を w_i/w_j で埋めると形式的に固有値問題は、

$$P = \begin{bmatrix} 1 & w_1/w_2 & 3 & w_1/w_4 & 5 \\ w_2/w_1 & 1 & w_2/w_3 & 2 & 3 \\ 1/3 & w_3/w_2 & 1 & w_3/w_4 & 4 \\ w_4/w_1 & 1/2 & w_4/w_3 & 1 & w_4/w_5 \\ 1/5 & 1/3 & 1/4 & w_5/w_4 & 1 \end{bmatrix} \begin{bmatrix} w_1 \\ w_2 \\ w_3 \\ w_4 \\ w_5 \end{bmatrix} = \lambda \begin{bmatrix} w_1 \\ w_2 \\ w_3 \\ w_4 \\ w_5 \end{bmatrix}$$

と書けます。これより、

$$3w_1 + 3w_3 + 5w_5 = \lambda w_1$$
$$3w_2 + 2w_4 + 3w_5 = \lambda w_2$$
$$1/3w_1 + 3w_3 + 4w_5 = \lambda w_3$$
$$1/2w_2 + 4w_4 = \lambda w_4$$
$$1/5w_1 + 1/3w_2 + 1/4w_3 + 2w_5 = \lambda w_5$$

が得られます。そして、上式を行列表現すれば、

$$\begin{bmatrix} 3 & 0 & 3 & 0 & 5 \\ 0 & 3 & 0 & 2 & 3 \\ 1/3 & 0 & 3 & 0 & 4 \\ 0 & 1/2 & 0 & 4 & 0 \\ 1/5 & 1/3 & 1/4 & 0 & 2 \end{bmatrix} \begin{bmatrix} w_1 \\ w_2 \\ w_3 \\ w_4 \\ w_5 \end{bmatrix} = \lambda \begin{bmatrix} w_1 \\ w_2 \\ w_3 \\ w_4 \\ w_5 \end{bmatrix}$$

となります。すなわち、P のような不完全逆数行列の重み（ウェイト）は、上式に示すような固有値問題を解けば得られることがわかります。そして、上式に示す係数行列は、P の□の要素を 0 で置き換え、しかも、その第 i 対角要素が P の i 行にある□の個数に 1 を加えた行列です。

　以上に示した方法が、ハーカーの提案した手法です。この手法により、w の推定値 w' を求めることができます。そして上式に示した固有値問題は近似的に、

$$\tilde{\lambda}_{max} = 5.0$$
$$\tilde{w} = (0.462, 0.181, 0.205, 0.086, 0.067)$$

と計算することができます（固有値・固有ベクトルを近似的に解く数値解法に**ベキ乗法**があります）。

5-6 グループによる集団意思決定

　AHP をグループ単位で用いる場合もあります。たとえば、何人かで合意形成を図り意思決定するときなどです。 このようなとき、各人がそれぞれ AHP を実行して、その結果を出し合い検討した後に、結論を出すというのも 1 つの方法です。しかし、グループとしてのコンセンサスを取り付けるうえでは、ペア比較の値そのものをグループとして決定することも必要です。このような場合、各メンバーの間でペア比較値が異なることがしばしば起こります。各メンバーの立場や価値観が異なる以上当然のことです。それを 1 つの数値に絞り込めればよいが、同意が得られない場合は次のように対応します。

　たとえば、グループのメンバーは、A, B, C の 3 氏であり、ある問題についてペア比較を行ったものの、次のように 1 箇所（□内）について値が異なり、どうしても 1 つの数値にまとめられませんでした。

$$
A = \begin{bmatrix} 1 & 3 & 3 & \boxed{3} & 5 \\ & 1 & 1 & 2 & 3 \\ & & 1 & 2 & 4 \\ & & & 1 & 3 \\ & & & & 1 \end{bmatrix}
$$

$$
B = \begin{bmatrix} 1 & 3 & 3 & \boxed{4} & 5 \\ & 1 & 1 & 2 & 3 \\ & & 1 & 2 & 4 \\ & & & 1 & 3 \\ & & & & 1 \end{bmatrix}
$$

$$
C = \begin{bmatrix} 1 & 3 & 3 & \boxed{5} & 5 \\ & 1 & 1 & 2 & 3 \\ & & 1 & 2 & 4 \\ & & & 1 & 3 \\ & & & & 1 \end{bmatrix}
$$

このような場合、3氏の値の幾何平均を代替値として採用します。すなわち、

$$\sqrt[3]{3 \times 4 \times 5} = \sqrt[3]{60} = 3.915$$

です。

こうすれば、ペア比較マトリックスにおいて対称な位置の数値の逆数関係が成立するので都合がよいのです。すなわち、

$$\sqrt[3]{\frac{1}{3} \times \frac{1}{4} \times \frac{1}{5}} = \sqrt[3]{\frac{1}{60}} = \frac{1}{3.915}$$

です。

もし、算術平均をとったならば、このような逆数関数は一般的に成立しません。この例では、

$$\frac{1}{3}(3+4+5) = 4$$

であり、1/4 = 0.25 ですが、

$$\frac{1}{3}\left(\frac{1}{3} + \frac{1}{4} + \frac{1}{5}\right) = 0.261$$

となり、対称な位置の数値の逆数関係は成立しなくなります。

　以上のように、代替案が複数のカテゴリーに分かれる場合、不完全な回答を処理する場合、集団意思決定など、さまざまな意思決定に対応できるよう、提案がなされているのです。

第 **6** 章

発展型のAHP

発展型の AHP

いろいろなところで
AHPは利用されているんです！

絶対評価法は
後に代替案が追加される場合や
代替案の数が多い時に利用されるよ

年末には
秋の新商品を追加して
評価しよう

従属法は
評価基準と代替案間で
従属関係にあるケースで使われるんだ

例えばこのケースを
評価したい場合など、実際には
上下の力関係（従属）があるよね

営業部門

部長

係長

営業マン

AHPはいろいろな
意思決定を想定して
展開されているんだね

そう！

6-1 絶対評価法 （各評価基準に水準を設定するアプローチ）

　従来の AHP における各評価基準の各代替案評価は、各代替案間のペア比較で行いました。サーティはこのやり方を相対評価法（Relative Measurement）と呼んでいます。ところがこの方法では、以下に示すような問題点があるのです。

①代替案が追加されたとき再度ペア比較をやり直さなければならない。

②代替案が追加されたとき代替案の順位が逆転する場合がある。

③代替案の数が多くなると、ペア比較の数が極めて多くなり一人の観測者では一度に処理（ペア比較）するのは困難になる。しかも整合性 C.I. が悪くなることが認められている。

　そこで、サーティ教授はこのような不都合（①②③）を解消するため絶対評価法（Absolute Measurement）を提唱しています。この方法は、各評価基準に対する各代替案の評価を、ペア比較（Relative Measurement）ではなく絶対評価（Absolute Measurement）で行うのです。 すなわち、この方法は各評価基準間のペア比較だけが必要で、各評価基準に関する各代替案のペア比較は必要ではありません。

6-2　従来の AHP と従属関係にある AHP

　従来の AHP（相対評価法：Relative Measurement、ならびに絶対評価法：Absolute Measurement）は、分析する際に次のような独立条件を仮定しています（<u>図 6.1</u>(1)）。

①同一レベルにある評価基準間（あるいは代替案間）は互いに独立している。
②各レベルは互いに独立している。

　ところが、これらの仮定がくずれる場合は、次に示すような手法で対応しなければなりません。

①同一レベルにある評価基準間（あるいは代替案間）において従属性（相互影響がある場合……内部従属法（Inner Dependence 法）（<u>図 6.1</u>(2)）
②各レベル間において従属している場合……外部従属法（Inner Dependence）（<u>図 6.1</u>(3)）
③①、②が同時に起こった場合……内部・外部従属法（Inner-Outer Dependence）（<u>図 6.1</u>(4)）

　内部従属法には、各評価基準間のみに従属性がある場合と各代替案間のみに従属性がある場合と各評価基準間・各代替案間ともに従属性がある場合が考えられます。

▼内部従属法

　内部従属法とは、**図 6.1** の (2) 型で、「同一レベルにある評価基準間（あるいは代替案間）において従属性がある場合」です。

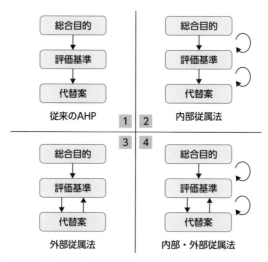

図 6.1　AHP における型

▼外部従属法

　外部従属法とは、**図 6.1** の (3) 型で、「各レベル間において従属している場合」すなわち、外部従属法（Outer Dependence）です。外部従属法の考え方の特徴は、各評価基準の重みが、総合目的より一意的に決定される（従来の AHP）のではなく、各代替案ごとに決定され、それらが異なってもよい点にあります。実際、社会現象などを分析する際、各評価基準の重みは、各代替案に共通したものではなく、各代替案ごとに異なる場合も多々あると思われます。

▼内部・外部従属法

　内部・外部従属法とは、**図 6.1** の (4) 型で、「内部従属法と外部従属法が同時に起こる場合」すなわち、内部・外部従属法（Inner-Outer Dependence）による AHP です。

6-3　ANP　フィードバック型

　AHPにおける外部従属法をネットワークに拡張したモデルをサーティは、ANP（Analytic Network Process）と名付けました。

　このANPには大きく分けて**フィードバック型（Feedback System）**と**シリーズ型（Series System）**があります。本節では、まず、フィードバック型ANPについて紹介します。

　さて、多目的意思決定問題として社会現象をとらえるとき、各評価基準、各代替案だけでなく、シナリオの設定も必要です。さらに、このシナリオの設定が、総合目的から一意的に決められるのではなく、各代替案ごとに決定され、それらが異なっている場合を想定します。このようなシステムをフィードバック型ANPと名付けますが、このシステムのスケルトンは、**図6.2**です。

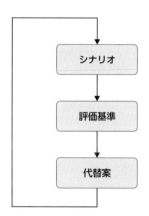

図6.2　フィードバック型ANP

6-4　ANP　シリーズ型

　本節では、**シリーズ型** ANP における計算法を紹介しましょう。さて、シリーズ型 ANP とは、**図 6.3** に示すような階層構造です。この考えは、総合目的（Goal）があり、総合目的からみた何種類かのシナリオの重みが決定されます。次に、これらのシナリオごとに、各評価基準の重みが決定されます。さらに、各評価基準からみた各代替案の評価（重み）が決定されます。最後に、以上のプロセスを総合して各代替案の総合評価を行うものです。

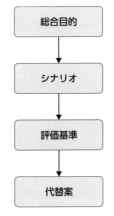

図 6.3　シリーズ型 ANP

6-5 支配型 AHP（1 つの代替案を基準に評価の重みを決めるアプローチ）

本節では、木下氏・中西氏によって提案された支配型 AHP（支配代替案法）について説明します。

(1) 支配型AHP（支配型代替案法）

従来型 AHP では、各評価基準の重要度は総合目的からトップダウン的に一意に決定しました。しかし、意思決定のパターンの中には、総合目的から各評価基準の重みを決定するのではなく、特定の代替案を念頭において、それを評価しやすいように評価基準の重みを決めていくアプローチも存在すると考えられます。そのような評価基準の重みを規制する機能を持つ代替案をここでは「規制代替案」と呼ぶことにします。

ところで、評価基準の重みの分布は、規制代替案の数だけ存在することになりますが、それは評価基準の重み決定に関して規制代替案間の争いを予想させるものです。しかし、われわれは常にそのようなものとして評価基準の重みを煮詰めるプロセスをとっているわけではありません。意思決定は、リスクが少なければ多少の誤差を許容してでも、できるだけ少ないコストで済ませようとするはずです。

ここでは、そのような要望に応える有力な方法として、次のようなアプローチを考察することにします。つまり、評価の根拠として決めた規制代替案による評価基準の重みの考え方に支障がなければ、そのまま最後までその方針で評価してしまうアプローチです。

そこで、本節では次のような評価方法を考えます。すなわち、各評価基準の重みは、それぞれの規制代替案によって異なる分布をします。しかし、その分布は、意思決定者の恣意によって選ばれた規制代替案によって一意に決定されるものとします。つまり、評価の根拠として決めた規制代替案以外の規制代替案に関する各評価基準の重みは、根拠となる規制代替案に関する各評価基準の評価に

「完全に服従」するものとします。

　ここでは、このような支配力を持つ規制代替案を「支配代替案」また支配代替案に服従する規制代替案を「服従代替案」と呼ぶことにします。つまり、服従代替案の評価基準の重みは、支配代替案の各評価基準の重みから自動的に導出されます。そして、このモデルでは支配代替案は、各評価基準の重み分布のみならず、それぞれの重み分布から導かれる総合評価値までを支配します。

　つまり、どの代替案が「支配代替案」になろうとも、同一の代替案の総合評価値は同じになります。ここで紹介した新しいアプローチである支配代替案法を、「支配型 AHP」と呼びます。

　支配型 AHP の階層構造は、2 つの評価基準 (1, 2) と 3 つの代替案 (1, 2, 3) からなるとします (**図 6.4**)。この場合、代替案 1 の重みを基準 (ベンチマーク) として、考えるのが支配型 AHP の特徴です。製品比較であれば、自社と他社製品の比較、従来品と新製品の比較、サービス人材の評価であれば、自分と他者、事前と事後の比較などに活用が可能で、数値をわかりやすく明確に示すことができます。

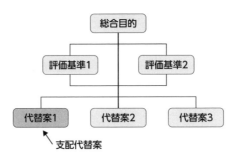

図 6.4　支配型 AHP の階層図

第 **7** 章

アンケート調査とAHP

アンケート調査とAHP

7-1　AHP の利用を前提としたアンケート実施の注意点

　アンケートで集計したデータと AHP を組合せて分析するためには、あらかじめ AHP で分析しやすいように、設問の回答項目を考える必要があります。本節では、AHP での分析を前提としたアンケート実施の注意点について紹介したいと思います。

① アンケート設問の回答欄を AHP の評価基準に合わせて作成する。

　第 1 章で紹介したように AHP の評価基準は、1 〜 9 の数字、もしくは、その逆数を使って各要因を評価します。そのため、アンケート設問の回答もそれに対応しやすい形で作成すると、そのままデータを分析に活用することができます。このように、AHP にデータをスムーズに落とし込むためには、アンケートの回答者（意思決定者）によって評価や順位付けを洩れなく行ってもらう必要があります。さらに可能であれば具体的な要因を提示し、一対比較することで、限りなく AHP に導入しやすくなります。

　AHP とアンケート調査を組み合わせた分析は、主に商品の選択やサービス評価に使われることが想定できますが、その際のアンケート調査票の作成については、次のような設問と回答を設けて AHP に適用することができます。

Case1 各一対比較ごとに回答する形式

例）あなたは、服の購入において、価格面、環境面、機能面のどれを重視して選択していますか？　各要因について該当する欄に○で囲んで回答してください。

・価格面と環境面、どちらが重要ですか？

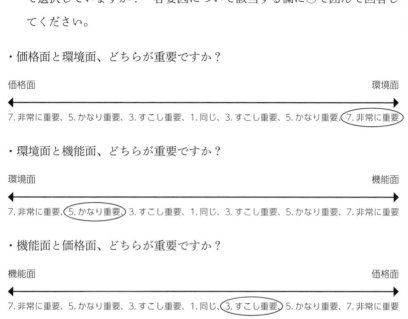

価格面　　　　　　　　　　　　　　　　　　　　　　　　　　　　環境面

7. 非常に重要、5. かなり重要、3. すこし重要、1. 同じ、3. すこし重要、5. かなり重要、(7. 非常に重要)

・環境面と機能面、どちらが重要ですか？

環境面　　　　　　　　　　　　　　　　　　　　　　　　　　　　機能面

7. 非常に重要、(5. かなり重要、) 3. すこし重要、1. 同じ、3. すこし重要、5. かなり重要、7. 非常に重要

・機能面と価格面、どちらが重要ですか？

機能面　　　　　　　　　　　　　　　　　　　　　　　　　　　　価格面

7. 非常に重要、5. かなり重要、3. すこし重要、1. 同じ、(3. すこし重要、) 5. かなり重要、7. 非常に重要

Case2 各一対比較を表形式にして、まとめて回答する形式

例）あなたは、服の購入において、価格面、環境面、機能面のどれを重視して選択していますか？　各要因について下表の該当する欄に○で回答してください。

	非常に重要	かなり重要	すこし重要	同じくらい重要	すこし重要	かなり重要	非常に重要	
価格面							○	環境面
環境面		○						機能面
機能面					○			価格面

　この Case1、2 は、AHP に適用しやすく、回答者も答えやすい設問形式になります。AHP のペア比較マトリックスに適用する場合、Case2 を例にすると、

	非常に重要	かなり重要	すこし重要	同じくらい重要	すこし重要	かなり重要	非常に重要	
価格面	7							環境面
環境面		5						機能面
機能面			3					価格面

　それぞれの○は、AHP の評価尺度 1 ～ 9 の数字を当てはめることができるのです。（因みに、ここでは、尺度 9 [逆数：1/9] の値が結果に大きな影響度を与えることを想定して、回答を 1 ～ 7 段階で設定しています。）

洋服の選択	価格面	環境面	機能面
価格面	1	7	#
環境面	#	1	5
機能面	3	#	1

　# は、それぞれの逆数（1/#）が入り、以下のような一対比較マトリックスが完成します。

洋服の選択	価格面	環境面	機能面
価格面	1	7	1/3
環境面	1/7	1	5
機能面	3	1/5	1

Case3 時間やランキング値など、値が小さいほど、高評価になる場合

・物件 A・B・C の所要時間について回答してください。

A. 1.5 時間、B. 0.5 時間、C. 1.0 時間

1. 実数の逆数を求める

　A. 0.677　B. 2.000　C. 1.000　合計 3.667

計算式：実数 /## = 1

A. 1/1.5　B. 1/0.5　C. 1/1.0

2. 逆数を正規化する（重みベクトルの算出）

　A. 0.18　B. 0.55　C. 0.27

計算式：逆数の合計 / 逆数

A. 3.677/0.677　B. 3.677/2.000　C. 3.677/1.000

　このケースの場合、ペア比較マトリックスで一対比較することなく、この要因はそのまま逆数を求め重みベクトル w として、代入します。

Case4 AHP の評価尺度ではない実数など、数値が大きいほど高評価の場合

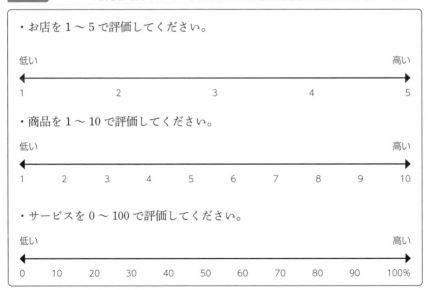

・お店を 1 〜 5 で評価してください。

低い　　　　　　　　　　　　　　　　　　　　　　　　高い

1　　　　　2　　　　　3　　　　　4　　　　　5

・商品を 1 〜 10 で評価してください。

低い　　　　　　　　　　　　　　　　　　　　　　　　高い

1　　2　　3　　4　　5　　6　　7　　8　　9　　10

・サービスを 0 〜 100 で評価してください。

低い　　　　　　　　　　　　　　　　　　　　　　　　高い

0　　10　　20　　30　　40　　50　　60　　70　　80　　90　　100%

　これらの数値データは、すべて正規化して重みベクトルとして代入することができます。Case3 の正規化と同様に、合計値が 1.0 になるように（実数合計／実数）計算します。そして、重みベクトル w として、そのまま代入します。他にも、オープンデータの総合評価指標や経済的指標などを、AHP の分析に取り入れたい場合は、この Case3 の対応で利用することが可能です。

　以上、①でアンケート設問の回答欄について紹介してきました。AHP は、対象となる各要因を一対比較して評価することに特徴があるため、アンケート形式での一番望ましい評価の取り方は、Case1・2 になります。しかし、実際には、経済指標やオープンデータなどの外部データなどを実数として取り込みたいといったケースもあるでしょう。何らかの数値が示されていれば、それを逆数化、正規化することで、重みベクトルとして代入することができます。また、当然数値化されていないものでも、評価者によって AHP の評価基準の尺度で評価することも可能です。

　ただし、アンケートの回答が記述式や文章で回答する場合は、数値化が難しいため、それを AHP に適用することは難しいでしょう。

②アンケートの目的と AHP 階層構造の目的は一致しているか。

　アンケートの回答者には、問題の目的に応じた評価基準の評価を依頼することになりますが、問題の目的を知った上での評価と、知らなかった場合の評価では、回答に違いが生じる可能性があります。そのため、回答者には可能な限り AHP の階層構造と同様に、アンケートの目的や分析の目的を理解してもらった上で、評価してもらう必要があります。

③一対比較に関する回答の首尾一貫性

　Case1・2 などで回答を求める場合、ほとんどの被験者は、AHP の一対比較に慣れていないため、回答に少し戸惑うことがあります。特に、Case1 の例で言うと、価格⇔環境、環境⇔機能、と評価して、次の " 機能⇔価格 " にあたる部分で

す。通常、意思決定者は、自身で評価に一貫性を持って回答をしていますが、時間が無いなど、理解不足のまま回答を始めると、結果に矛盾が生じる場合があります。そのため、AHP の一対比較の回答方法に関する説明や、事後に矛盾があれば、再び見直してもらうなどの注意をすることで、データ処理に有効な結果を得ることができます。

④他のウェイトに関する影響度

　Case3・4を利用する場合、他のウェイトに対して影響度が大き過ぎないか考慮し、バランスを取る必要があります。

⑤総合的な調整・見直しが必要。

　評価結果に、バラツキや注意点は無いか見直す必要があります。例えば、お小遣いの額、年収、住んでいる地域など、特定の条件や環境のバイアスによって、人々の価値観の違いが大きく異なる場合があります。現実的には、この価値観をすり合わせた上で、アンケートの回答を得るということは難しいにしても、極力、このようなバイアスで結果が無意味にならないよう、設問を調整し、また AHP 分析後の考察や所見で、そのような要因について言及する配慮が必要です。

⑥アンケートの回収数が多い場合の新しい集計方法

　アンケートの回収数が多い場合などは、2つのどちらが重要かのみを調査します。回答者1200人の内、900人が価格面を、300人が環境面を重要と答えた場

合、価格面が3倍（やや重要）と考えることができ、一対比較に組み込むことが可能です。

7-2　デジタルマーケティングの評価（インターネット広告、SNS、デジタル広告、e メールなどの AHP 分析）

　本節では、企業におけるデジタルマーケティングの評価に AHP を組み合わせた分析方法を紹介します。近年、企業などでは、インターネットや Web 等を活用したデジタルマーケティングに関する取り組みが積極的に導入されています。

　特に、デジタル技術を駆使したプロモーション活動では、顧客に自社の製品情報やブランドイメージを発信して、顧客に認知してもらい、顧客のニーズを的確に把握し、販売活動に反映させるなど、従来とは異なるマーケティング活動が行われています。

Case1

　A 氏が部長を務める○○商事では、新しくデジタルマーケティング事業部が設置され、この 1 年間デジタルマーケティングの活用について取り組んできました。この事業には、社内予算の 20% が新たに使われており、株主等の出資者から事業に関する成果報告を提出して欲しいと要望がありました。

　そこで A 氏は、事業に関わった複数の関係者から当社の事業を評価してもらい、AHP の簡易計算法 2 を使って分析することにしました。レベル 2 の要因（評価基準）は、事業に関わる各管理者（社長、部長、課長、マネージャ）と顧客の 5 つにして、主要な顧客には、当社のマーケティング活動についてアンケートで評価してもらうことにしました。レベル 3 における代替案は、Web データ、SNS データ、顧客データの 3 つとし、各データを活用したプロモーション活動が具体的にどのようなコンテンツであったかを紹介しながら評価（印象に残った。商品に対する理解が深まった。当社のイメージに合っていた。買いたいと思った。などの観点から評価してもらいました。

アンケート調査票　設問例 1）

　当社が 1 年間行ったマーケティング事業について、印象に残った、商品に対する理解が深まった、当社のイメージに合っていた、買いたいと思った、コンテンツを下記のカテゴリーで評価してください。

カテゴリー	コンテンツ
Web データ	リスティング (検索連動型) 広告、自社ホームページなど
SNS データ	Facebook、Instagram、Twitter、LINE など
顧客データ	E メール、会員情報誌、DM など

・Web データと SNS データ、どちらのプロモーションを評価しますか。

Web データ　　　　　　　　　　　　　　　　　　　　SNS データ

7. 非常に良い、5. かなり良い、3. すこし良い、1. 同じ、3. すこし良い、5. かなり良い、7. 非常に良い

・SNS データと顧客データ、どちらのプロモーションを評価しますか。

SNS データ　　　　　　　　　　　　　　　　　　　　顧客データ

7. 非常に良い、5. かなり良い、3. すこし良い、1. 同じ、3. すこし良い、5. かなり良い、7. 非常に良い

・顧客データと Web データ、どちらのプロモーションを評価しますか。

顧客データ　　　　　　　　　　　　　　　　　　　　Web データ

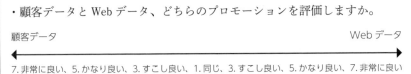

7. 非常に良い、5. かなり良い、3. すこし良い、1. 同じ、3. すこし良い、5. かなり良い、7. 非常に良い

第 1 ステップ

　デジタルマーケティングの評価は、主に誰がどのような目的で行うのか、によって選択の基準や評価が大きく変わってきます。今回は、この事業に関わった経営の管理者とサービスを受けた顧客からアンケート調査をして評価してもらいます。

　アンケートから得られた結果は、数値を平均化するなど集計して、利用する必要があります。

デジタルマーケティング事業における評価の階層構造図は、次の通りになります。

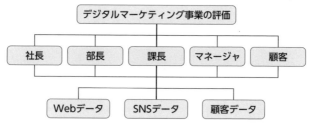

図 7.1　デジタルマーケティングの評価における階層構造

第 2 ステップ

デジタルマーケティング事業の評価に関するレベル 2 の各要因（評価基準）のペア比較マトリックスは、**表 7.1** に示すようになりました。そこで、このマトリックスの重みベクトルと *C.I.* の計算を幾何平均法により行います。

重みベクトルを求める手順

手順 1

ペア比較マトリックスの各行の要素を幾何平均します。この例の場合以下のようになります。

表 7.1　デジタルマーケティング事業の評価に関するレベル 2 の各要因のペア比較

	社　長	部　長	課　長	マネージャ	顧　客
社　長	1	3	5	6	1
部　長	1/3	1	3	4	1/2
課　長	1/5	1/3	1	2	1/3
マネージャ	1/6	1/4	1/2	1	1/4
顧　客	1	2	3	4	1

$\lambda_{max} = 5.119$、*C.I.* = 0.030

それぞれの 5 乗根を求めると

$$要因 1 \cdots\cdots \sqrt[5]{1 \times 3 \times 5 \times 6 \times 1} = 2.460$$

$$要因 2 \cdots\cdots \sqrt[5]{\frac{1}{3} \times 1 \times 3 \times 4 \times \frac{1}{2}} = 1.149$$

$$要因 3 \cdots\cdots \sqrt[5]{\frac{1}{5} \times \frac{1}{3} \times 1 \times 2 \times \frac{1}{3}} = 0.536$$

$$要因 4 \cdots\cdots \sqrt[5]{\frac{1}{6} \times \frac{1}{4} \times \frac{1}{2} \times 1 \times \frac{1}{4}} = 0.349$$

$$要因 5 \cdots\cdots \sqrt[5]{1 \times 2 \times 3 \times 4 \times 1} = 1.888$$

となります。

手順2

手順 1 で求めた各行の要素の幾何平均値を合計します。

$$2.460 + 1.149 + 0.536 + 0.349 + 1.888 = 6.382$$

手順3

手順 1 で求めた各行の要素の幾何平均値を手順 2 で求めた合計値で割ります。この値が重みベクトルです。

$$W = \begin{bmatrix} 2.460/6.382 \\ 1.149/6.382 \\ 0.536/6.382 \\ 0.349/6.382 \\ 1.888/6.382 \end{bmatrix} = \begin{bmatrix} 0.385 \\ 0.180 \\ 0.084 \\ 0.055 \\ 0.296 \end{bmatrix}$$

この結果により、社長が最も重要な評価の要因 (0.385) であり、続いて顧客 (0.296)、部長 (0.180)、課長 (0.084)、マネージャ (0.055) となります。

C.I. を求める手順

手順4

　表7.1 に示したペア比較マトリックスの各列に、先ほど求めた重みベクトル
の各要素を順に掛け、その和を求めます。

$$0.385 \times \begin{bmatrix} 1 \\ 1/3 \\ 1/5 \\ 1/6 \\ 1 \end{bmatrix} + 0.180 \times \begin{bmatrix} 3 \\ 1 \\ 1/3 \\ 1/4 \\ 2 \end{bmatrix} + 0.084 \times \begin{bmatrix} 5 \\ 3 \\ 1 \\ 1/2 \\ 3 \end{bmatrix} + 0.055 \times \begin{bmatrix} 6 \\ 4 \\ 2 \\ 1 \\ 4 \end{bmatrix} + 0.296 \times \begin{bmatrix} 1 \\ 1/2 \\ 1/3 \\ 1/4 \\ 1 \end{bmatrix}$$

$$= \begin{bmatrix} 0.385 \\ 0.128 \\ 0.077 \\ 0.064 \\ 0.385 \end{bmatrix} + \begin{bmatrix} 0.540 \\ 0.180 \\ 0.060 \\ 0.045 \\ 0.360 \end{bmatrix} + \begin{bmatrix} 0.420 \\ 0.252 \\ 0.084 \\ 0.042 \\ 0.252 \end{bmatrix} + \begin{bmatrix} 0.328 \\ 0.219 \\ 0.109 \\ 0.055 \\ 0.219 \end{bmatrix} + \begin{bmatrix} 0.296 \\ 0.148 \\ 0.099 \\ 0.074 \\ 0.296 \end{bmatrix} = \begin{bmatrix} 1.970 \\ 0.928 \\ 0.429 \\ 0.280 \\ 1.512 \end{bmatrix}$$

手順5

　手順4で求めた各要素の計算結果を、先ほど求めた各要素の重みで割ります。

$$\begin{bmatrix} 1.970/0.385 \\ 0.928/0.180 \\ 0.429/0.084 \\ 0.280/0.055 \\ 1.512/0.296 \end{bmatrix} = \begin{bmatrix} 5.112 \\ 5.153 \\ 5.106 \\ 5.114 \\ 5.112 \end{bmatrix}$$

手順6

　手順2で求めた各要素の計算結果を平均します。この結果が、**表7.1** に示し
たペア比較マトリックスの最大固有値 λ_{max} です。

$$\lambda_{max} = \frac{5.112 + 5.153 + 5.106 + 5.114 + 5.112}{5} = 5.119$$

手順7

手順 6 で求めた λ_{max} より整合度指数 C.I. を求めます。

$$C.I. = \frac{\lambda_{max} - n}{n-1} = \frac{5.119 - 5}{4} = 0.030 < 0.1$$

したがって、有効性があるといえます。

次に、レベル 3 における各代替案（Web データ、SNS データ、顧客データ）間のペア比較について、レベル 2（各要因）を評価基準にして行います。その結果は、**表7.2** に示すとおりです。

さて、これから 5 つのペア比較マトリックスの重みベクトルと C.I. を簡易計算法 2 で求めます。まず、5 つの重みベクトルは次のようになります。

社長　　　　$\cdots w_1^t = (0.570,\ 0.333,\ 0.097)$

部長　　　　$\cdots w_2^t = (0.500,\ 0.250,\ 0.250)$

課長　　　　$\cdots w_3^t = (0.637,\ 0.105,\ 0.258)$

マネージャ$\cdots w_4^t = (0.597,\ 0.346,\ 0.057)$

顧客　　　　$\cdots w_5^t = (0.258,\ 0.637,\ 0.105)$

この結果、たとえば、社長、部長、課長、マネージャに関しては Web データ、顧客に関しては、SNS データが最も評価が高いといえます。

図7.2　レベル 3 における各代替案間のペア比較

社　長	Webデータ	SNSデータ	顧客データ
Webデータ	1	2	5
SNSデータ	1/2	1	4
顧客データ	1/5	1/4	1

$\lambda_{max}=3.025$、$C.I.=0.012$

部　長	Webデータ	SNSデータ	顧客データ
Webデータ	1	2	2
SNSデータ	1/2	1	1
顧客データ	1/2	1	1

$\lambda_{max}=3.000$、$C.I.=0.000$

課　長	Webデータ	SNSデータ	顧客データ
Webデータ	1	5	3
SNSデータ	1/2	1	1/3
顧客データ	1/3	3	1

$\lambda_{max}=3.039$、$C.I.=0.019$

マネージャ	Webデータ	SNSデータ	顧客データ
Webデータ	1	2	9
SNSデータ	1/2	1	7
顧客データ	1/9	1/7	1

$\lambda_{max}=3.022$、$C.I.=0.011$

顧　客	Webデータ	SNSデータ	顧客データ
Webデータ	1	1/3	3
SNSデータ	3	1	5
顧客データ	1/3	1/5	1

$\lambda_{max}=3.039$、$C.I.=0.019$

　一方、これら 5 つのペア比較マトリックスのそれぞれの最大固有値 λ_{max} と整合性の評価値 C.I は、各マトリックスの下に示したとおりです。

　以上で、この例における 5 つの評価要因の重みベクトル w と各代替案の評価ベクトル $w_1 \sim w_5$ の値が得られました。

第3ステップ

　レベル 2,3 の要因間の重み付けが計算されると、この結果より階層全体の重み付けを行います。すなわち、総合目的（デジタルマーケティング事業の評価）に対する各代替案（Web データ、SNS データ、顧客データ）の定量的な順位基準を作ります。

　代替案の順位基準の重みを X とすると、

$$X=[w_1, w_2, w_3, w_4, w_5]W$$

となります。この例の場合、

$$
X =
\begin{array}{c}
\text{Web データ} \\
\text{SNS データ} \\
\text{顧客データ}
\end{array}
\begin{array}{cccccc}
\text{社長} & \text{部長} & \text{課長} & \text{マネージャ} & \text{顧客} \\
\left[
\begin{array}{ccccc}
0.570 & 0.500 & 0.637 & 0.597 & 0.258 \\
0.333 & 0.250 & 0.105 & 0.346 & 0.637 \\
0.097 & 0.250 & 0.258 & 0.057 & 0.105
\end{array}
\right]
\end{array}
\begin{bmatrix}
0.385 \\
0.180 \\
0.084 \\
0.055 \\
0.296
\end{bmatrix}
$$

$$
=
\begin{array}{c}
\text{Web データ} \\
\text{SNS データ} \\
\text{顧客データ}
\end{array}
\begin{bmatrix}
0.472 \\
0.390 \\
0.138
\end{bmatrix}
$$

　したがって、デジタルマーケティング事業における 1 年間の活動内容は、AHP の分析結果から、Web データ＞ SNS データ＞顧客データの順で評価されたことになります。

　このように AHP は、部門内での評価のみならず、組織内外の利害関係者を含めた評価をウェイトで調整しながら同一手法で分析することも可能なのです。アンケート調査など、顧客から直接聞き出す生データから得られる情報も事業改善にはもちろん必要ですが、外部環境との関係が重視されている現代において、事業に関わったすべての利害関係者（ステークホルダー）が評価する総合評価指標も時には大事ではないでしょうか。

7-3　サスティナブルな商品における評価 （消費者の購買意思決定に関する AHP 分析）

　近年、消費者がモノやサービスを選択する基準は、食品偽装や公正取引・フェアトレードなどの社会問題を背景に、自分にも、社会にも、また環境にも良い商品が選ばれる時代になっています。このような背景から企業は、従来の三方良し、CSR（企業の社会的責任）等の経営手法を経て、SDGs（Sustainable Development Goals）などの社会問題を意識したサスティナブルな商品のニーズが高まっており、消費者によってエシカルな消費が意識される時代になっています。

　この節では、代替案が複数のカテゴリーに分かれる場合の AHP を適用して、サスティナブルな商品と従来製品、さらには自社と他社の製品を比較して、消費者の購買心理を細かく探る分析を紹介します。

　ファッションアイテムを取り扱うアパレル会社の A 社では、従来品に加え、時代のニーズに合った新商品として環境に配慮したサスティナブルな商品を展開し、販売してきました。しかし、売り上げが伸び悩んでおり、原因は何なのかを探るため、顧客にクーポン券付きのアンケート調査を実施し、AHP を使って定量化分析しようと思いました。

　商品を購入するという状況下において、ここでは、サスティナブルな商品（自社 A、他社 B）。従来商品（自社 C、他社 D）の計 4 商品を対象に評価することにしました。この問題を AHP により分析する場合、代替案が 2 つのカテゴリー（サスティナブルな商品、従来商品）に分かれています。このことを考慮に入れながら分析していくことにしましょう。

　ここで、選定要因は、ファッションアイテムを購入する決め手となる主要な項目と、サスティナビリティを代表する環境を追加しました。そのため、評価基準は、価格、機能・素材、デザイン、環境配慮の 4 つにします。

アンケート調査票　設問例 2）

　自社の従来商品と新商品（サスティナブルな商品）、また競合品について評価をお願いしています。選択要因となる該当欄に○で回答してください。

・サスティナブルな商品と従来商品、どちらの商品選択を重視していますか？

	非常に重要	かなり重要	すこし重要	同じくらい重要	すこし重要	かなり重要	非常に重要	
サスティナブルな商品								従来商品

・商品選択において、価格、機能・素材、デザイン、環境配慮の内、どれを重視していますか？

	非常に重要	かなり重要	すこし重要	同じくらい重要	すこし重要	かなり重要	非常に重要	
価　格								機能・素材
機能・素材								デザイン
デザイン								環境配慮
環境配慮								価　格

・サスティナブルな商品について、自社と他社の商品を評価してください。

	非常に良い	かなり良い	すこし良い	同じくらい良い	すこし良い	かなり良い	非常に良い	
自社のサスティナブル商品								他社のサスティナブル商品

・従来商品について、自社と他社の商品を評価してください。

	非常に良い	かなり良い	すこし良い	同じくらい良い	すこし良い	かなり良い	非常に良い	
自社の従来商品								他社の従来商品

第 1 ステップ

このようすは、**図 7.3** に示す階層構造のとおりです。

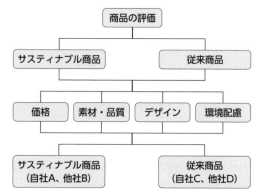

図 7.3　サスティナブルな商品の評価における階層構造

第 2 ステップ

まず、レベル 2 の 2 つのカテゴリー（サスティナブルな商品、従来製品）の重要度をペア比較します。ここでのアンケート調査の項目は、

設問例：ファッションアイテムの購入において、サスティナブルな商品の選択をどの程度、重要視していますか？

同じくらい重要 1、少し重要 1.5、重要 2、とても重要 3

※ 1 ～ 9 の振れ幅が大きいため、適宜、選択の値を現実に見合った値に調整する必要があるため、ここでは、サスティナブルな商品の理解がまだ顧客に浸透していない初期の段階と想定して、1 ～ 3 を設定しています。

　この結果は、**表7.4** に示したとおりです。このマトリックスの固有ベクトル（重み）は、

$$w_1{}^T = (0.545, 0.455)$$

です。したがって、この顧客は、ややサスティナブルな商品の方を好んでいることがわかります。

表7.4　レベル 2 の 2 つのカテゴリー（サスティナブルな商品と従来商品）のペア比較

アイテムの選定	サスティナブル商品	従来商品
サスティナブル商品	1	1.2
従来商品	5/6	1

$\lambda_{max} = 2,000$　$C.I. = 0.000$

　次に、サスティナブルな商品の (A, B) を選定するときの各要因の重要度をペア比較します。この結果は、**表7.5** に示したとおりです。このマトリックスの固有ベクトル（重み）は、

表7.5　サスティナブルな商品における各要因のペア比較

サスティナブル商品	価　格	素材・品質	デザイン	環境配慮
価　格	1	1/3	1/2	1/3
素材・品質	3	1	2	1/5
デザイン	2	1/2	1	1/4
環境配慮	3	5	4	1

$\lambda_{max} = 4.292$　$C.I. = 0.097$

$$w_2{}^T = (0.103, 0.215, 0.142, 0.540)$$ です。

表 7.6　従来商品における各要因のペア比較

従来商品	価　格	素材・品質	デザイン	環境配慮
価　格	1	1	4	5
素材・品質	1	1	2	3
デザイン	1/4	1/2	1	2
環境配慮	1/5	1/3	1/2	1

$\lambda_{max} = 4.066$　$C.I. = 0.022$

　一方、従来商品の (C, D) を選定するときの各要因の重要度をペア比較します。この結果は、**表 7.6** に示したとおりです。このマトリックスの固有ベクトル（重み）は、

$$w_3{}^T = (0.437, 0.325, 0.148, 0.089)\ \text{です。}$$

　この結果、サスティナブルな商品を選定するときは、環境配慮が最も影響力（54.0%）があり、従来商品の場合は価格が最も影響力（43.7%）があることがわかります。

　次に、各選定要因ごとに各代替案の評価を行います。ただし、ペア比較は、各カテゴリー（サスティナブル商品、従来商品）ごとに行います。その結果は、**表 7.7**、**表 7.8** に示すとおりです。

表 7.7　サスティナブルな商品の自社商品と他社商品に関する評価

価　格	A	B
A	1	1/2
B	2	1

$\lambda_{max} = 2.000$　$C.I. = 0.000$

素材・品質	A	B
A	1	1/5
B	5	1

$\lambda_{max} = 2.000$　$C.I. = 0.000$

デザイン	A	B
A	1	1/3
B	3	1

$\lambda_{max} = 2.000$　$C.I. = 0.000$

環境配慮	A	B
A	1	3
B	1/3	1

$\lambda_{max} = 2.000$　$C.I. = 0.000$

表 7.8 従来商品の自社商品と他社商品に関する評価

価　格	C	D
C	1	3
D	1/3	1

$\lambda_{max} = 2.000$　*C.I.* = 0.000

素材・品質	C	D
C	1	2
D	1/2	1

$\lambda_{max} = 2.000$　*C.I.* = 0.000

デザイン	C	D
C	1	4
D	1/4	1

$\lambda_{max} = 2.000$　*C.I.* = 0.000

環境配慮	C	D
C	1	2
D	1/2	1

$\lambda_{max} = 2.000$　*C.I.* = 0.000

　さて、サスティナブルな商品（A, B）の評価ベクトルは、選定要因のペア比較マトリックスの固有ベクトル（重み）を求めて、それぞれ次のようになります。

価格　　　　$\cdots w_4^T = (0.333, 0.667)$

素材・品質　$\cdots w_5^T = (0.167, 0.833)$

デザイン　　$\cdots w_6^T = (0.250, 0.750)$

環境配慮　　$\cdots w_7^T = (0.750, 0.250)$

　一方、従来商品の（C, D）の評価ベクトルも、サスティナブルな商品と同じようにして求めることができます。

価格　　　　$\cdots w_8^T$　$= (0.750, 0.250)$

素材・品質　$\cdots w_9^T$　$= (0.667, 0.333)$

デザイン　　$\cdots w_{10}^T$　$= (0.800, 0.200)$

環境配慮　　$\cdots w_{11}^T$　$= (0.667, 0.333)$

第 3 ステップ

　各レベルの重み付けが計算されると、この結果から、各カテゴリーごと (サスティナブルな商品、従来商品) に、各代替案 (商品) の総合評価を行います。サスティナブルな商品の各代替案 (商品 A、B) の総合評価値を X とすると,

$$X = [w_4, w_5, w_6, w_7]\, w_2$$

となります。この例の場合は、

$$X = \begin{array}{c} \\ A \\ B \end{array} \begin{bmatrix} 0.333 & 0.167 & 0.250 & 0.750 \\ 0.677 & 0.833 & 0.750 & 0.250 \end{bmatrix} \begin{bmatrix} 0.103 \\ 0.215 \\ 0.142 \\ 0.540 \end{bmatrix} = \begin{array}{c} A \\ B \end{array} \begin{bmatrix} 0.511 \\ 0.489 \end{bmatrix}$$

価格　素材・品質　デザイン　環境配慮

となります。

　一方、従来商品の各代替案 (商品 C、D) の総合評価値を Y とすると、

$$Y = [w_8, w_9, w_{10}, w_{11}]\, w_3$$

となります。

　この例の場合は,

$$Y = \begin{array}{c} \\ C \\ D \end{array} \begin{bmatrix} 0.750 & 0.667 & 0.800 & 0.667 \\ 0.250 & 0.333 & 0.200 & 0.333 \end{bmatrix} \begin{bmatrix} 0.103 \\ 0.215 \\ 0.142 \\ 0.540 \end{bmatrix} = \begin{array}{c} C \\ D \end{array} \begin{bmatrix} 0.694 \\ 0.306 \end{bmatrix}$$

価格　素材・品質　デザイン　環境配慮

となります。

　最後に、2 つのカテゴリー（サスティナブルな商品，従来商品）の重み w_1 を X、Y に掛けます。この結果、サスティナブルな商品の各代替案（A、B）と従来商品の各代替案（C、D）の総合評価値を比較することができます。すなわち、

$$0.6 \cdot X = 0.6 \cdot \begin{bmatrix} 0.511 \\ 0.489 \end{bmatrix} = \begin{matrix} A \\ B \end{matrix} \begin{bmatrix} 0.279 \\ 0.267 \end{bmatrix}$$

$$0.4 \cdot Y = 0.4 \cdot \begin{bmatrix} 0.694 \\ 0.306 \end{bmatrix} = \begin{matrix} C \\ D \end{matrix} \begin{bmatrix} 0.316 \\ 0.139 \end{bmatrix}$$

です。

　したがって、4 つの製品の最終的な評価順序は、C ＞ A ＞ B ＞ D となります。

　最後に、本書では、アンケート調査と AHP の分析を中心に取り扱ってきました。経営やマーケティングの内容については、実際の実務とは、異なる解釈があるなど、説明不足な点があると思われます。今後、分野に精通した方々の活用によって、ご指摘いただき、改善に繋がれば、幸いに存じます。

　また、本書で取り扱った数値の計算は、Microsoft の Excel を使用して結果を提示しています。表示している計算結果の値は、紙面の関係上、小数点以下 3 桁で四捨五入していますが、計算の処理は四捨五入せず最後まで端数計算しています。そのため、使用する計算ソフトやツールによっては、数値に誤差があることをご容赦ください。

参考文献

1. 木下栄蔵，『入門 AHP』，日科技連，2005.

2. 木下栄蔵編著，『戦略的意思決定法』，日科技連，2013.

3. 木下栄蔵，『よくわかる AHP　孫氏の兵法の戦略モデル』，オーム社，2006.

4. Saaty, T. L., The Analytic Hierarchy Process, McGraw Hill, 1980.

5. Saaty, T. L., The Analytic Network Process, Expert Choice, 1996.

6. 木下栄蔵編著，『AHP の理論と実際』，日科技連出版社，2000.

7. 木下栄蔵，『わかりやすい意思決定論入門』，近代科学社，1996.

8. 木下栄蔵，『マネジメントサイエンス入門』，近代科学社，1996.

9. 木下栄蔵，『孫子の兵法の数学モデル』，講談社ブルーバックス，1998.

10. 木下栄蔵，『孫子の兵法の数学モデル 実践篇』，講談社ブルーバックス，1998.

11. 木下栄蔵，「AHP の発展経過と諸問題」，「オペレーションズ・リサーチ」，Vol.44，No.1，pp.8-12，1999.

12. 日本数学会，『岩波　数学辞典 第 3 版』，岩波書店，1985.

13. 青本 和彦ほか，『岩波　数学入門辞典』，岩波書店，2005.

14. Holt, Stull, The Bureau of the Census：Its History, Activities and Organization, Washington：The Brookings Institution, 1929.

15. 末廣　昭，一橋大学経済研究所，アジア長期経済統計，タイ統計制度発達史序論—国家統計局，人口センサス、国民所得—，第 2 章人口センサス調査，1999 年 11 月.

16. 総務省統計局，センサスの語源，https://www.stat.go.jp ＞ guide ＞ about ＞ alacarte ＞ origin

17. 総務省統計局，Ⅳ 外国の国勢調査，http://www.stat.go.jp
    ＞ kokusei ＞ pdf ＞ kaisetu4

18. 伊藤陽一，「アメリカ合衆国第一回人口センサス (1790 年) について」『経済
    志林』第 58 巻第 3・4 合併号，1991 年 3 月．

19. 石田 忠，チャールズ・ブース研究，英国社会調査史・序説，一橋大学研究
    年報．社会学研究 4　p79-145.

20. 武田 宏，イギリス老齢年金成立史 (1) ―チャールズ・ブースの年金案―，
    京都大学　經濟論叢 1984，133 (1-2)，p52-68.

21. 岐阜県図書館ホームページ，https://www.library.pref.gifu.lg.jp/gifu-map/
    gifu-related-materials/gifu-pioneer/page/sekiya-kiyokage.html

22. 町村 敬志，社会調査協会『社会と調査』創刊号 No.1，「厳しい状況下におけ
    る社会調査」，Column 調査の達人，チャールス・ブース―情熱と冷静の間
    で―p106，2008 年 9 月．

23. 安藤明之，『社会調査入門』，三惠社，2007.

24. 谷岡一郎，『「社会調査」のウソ』リサーチ・リテラシーのすすめ，文藝春秋，
    2000.

25. 経済産業省，「OECD (経済協力開発機構) の正式名称・設立経緯」，2021.

26. 総務省「データの流通環境等に関する消費者の意識に関する調査研究」，2020.

27. 消費庁，消費者意識基本調査，https://www.caa.go.jp/policies/policy/
    consumer_research/research_report/survey_002/

28. みずほ証券×一橋大学，ファイナンス用語集　選好の推移性．
    https://glossary.mizuhosc.com/faq/show/1858?site_domain=default

29. 食べログ，https://tabelog.com/

30. カーセンサー カタログ
    produce by RECRUIT，https://www.carsensor.net/catalog/

索　引

〈監修者略歴〉

木下栄蔵 (きのした　えいぞう)

1949 年、京都府生まれ。1975 年、京都大学大学院工学研究科修了。現在、名城大学名誉教授、工学博士。交通計画、都市計画、意思決定論、サービスサイエンス、マクロ経済学などに関する研究に従事。とくに意思決定論において、支配型 AHP（Dominant AHP）一斉法（CCM）を提唱、さらにマクロ経済学における新しい理論（Paradigm）を提唱している。1996 年日本オペレーションズリサーチ学会事例研究奨励賞受賞、2001 年第 6 回 AHP 国際シンポジウムで Best Paper Award 受賞、2005 年第 8 回 AHP 国際シンポジウムにおいて Keynote Speech Award 受賞、2008 年日本オペレーションズリサーチ学会第 33 回普及賞受賞。2004 年 4 月より 2007 年 3 月まで文部科学省科学技術政策研究所客員研究官を兼任。2005 年 4 月より 2009 年 3 月まで、および 2013 年 4 月より 2017 年 3 月まで名城大学大学院都市情報学研究科研究科長、並びに名城大学都市情報学部学部長を兼任。2020 年 5 月 1 日名城大学退職。2022 年 4 月 1 日名城大学名誉教授に就任。著作に「経済学はなぜ間違え続けるのか」（徳間書店）、「忍びよる世界恐慌」（扶桑社）、『統計学でわかるビッグデータ』（日科技連出版社）、「資本主義の限界」（扶桑社）など多数。

〈著者略歴〉

法雲俊栄 (のりくも　しゅんえい)

1979 年、滋賀県米原市生まれ。2008 年、名城大学大学院都市情報学研究科修了。博士（都市情報学）。愛知産業大学専任講師、大阪商業大学専任講師・准教授を経て、現在、同志社大学経済学部准教授。データ処理、情報管理、経営情報システム、意思決定論などに関する研究に従事。2017 年日本経営協会「経営科学研究奨励賞」受賞。

◆マンガ・イラスト　　もりお

アンケート調査と AHP データ分析
　―単純集計では見えない消費者の本音を探る―

2023 年 11 月 24 日　　　第 1 版第 1 刷発行

監 修 者　木 下 栄 蔵
著　　者　法 雲 俊 栄
発 行 者　村 上 和 夫
発 行 所　株式会社 オーム社
　　　　　郵便番号　101-8460
　　　　　東京都千代田区神田錦町 3-1
　　　　　電話　03(3233)0641(代表)
　　　　　URL　https://www.ohmsha.co.jp/

組版　クニメディア　　印刷・製本　壮光舎印刷
ISBN978-4-274-23124-7　Printed in Japan

本書の感想募集 https://www.ohmsha.co.jp/kansou/
本書をお読みになった感想を上記サイトまでお寄せください。
お寄せいただいた方には、抽選でプレゼントを差し上げます。